黄河流域生态环境保护与全面高质量发展研究

黄 蕊 著

群言出版社
QUNYAN PRESS

·北京·

图书在版编目（ＣＩＰ）数据

黄河流域生态环境保护与全面高质量发展研究 / 黄
蕊著． -- 北京 ： 群言出版社，2023.2
ISBN 978-7-5193-0810-0

Ⅰ．①黄… Ⅱ．①黄… Ⅲ．①黄河流域－生态环境保
护－研究 Ⅳ．① X321.22

中国版本图书馆 CIP 数据核字（2022）第 256145 号

责任编辑：胡　明
封面设计：知更壹点

出版发行：群言出版社
地　　址：北京市东城区东厂胡同北巷1号（100006）
网　　址：www.qypublish.com（官网书城）
电子信箱：qunyancbs@126.com
联系电话：010-65267783　65263836
经　　销：全国新华书店

印　　刷：三河市明华印务有限公司
版　　次：2023年2月第1版
印　　次：2023年2月第1次印刷
开　　本：710mm×1000mm　1/16
印　　张：12
字　　数：240千字
书　　号：ISBN 978-7-5193-0810-0
定　　价：66.00元

作者简介

　　黄蕊,女,1983年3月出生,陕西省洋县人,毕业于西北政法大学,硕士研究生学历,现任中共西安市委党校副教授。研究方向:法学专业。出版专著两部,公开发表论文三十余篇,主持并完成省市课题十余项,获得省部级以上教学奖十余项。

前　言

在黄河流域生态保护和高质量发展座谈会上重点强调，黄河流域生态保护和高质量发展是重大国家战略。水是黄河流域高质量发展的重要生态要素之一，水生态环境的好坏直接关系到美丽中国和高质量发展能否实现。以推动绿色低碳转型为重要抓手，全面加强黄河流域生态环境保护，推动黄河流域生态环境全面高质量发展是当前的重要任务。

本书从生态环境特征、法治体系建设、保护修复策略、高质量发展路径几方面探讨黄河流域生态保护与治理，助力黄河流域生态安全格局全面形成，以期通过高水平保护促进黄河流域高质量发展。

全书共八章。第一章为绪论，主要阐述了黄河流域地貌及地理区域划分、黄河流域生态系统类型及格局演变、黄河流域生态环境特点、黄河流域生态环境与经济发展等内容；第二章为黄河流域水资源环境现状，主要阐述了黄河流域径流与水资源变化、黄河流域水环境与污染物、黄河流域水资源利用等内容；第三章为黄河流域生态环境保护的法律制度保障，主要阐述了我国环境保护法的基本原则、我国环境法的基本体系、生态环境保护法相关问题研究等内容；第四章为国内外流域生态环境保护与全面高质量发展经验，主要阐述了国内流域生态环境保护与全面高质量发展经验、国外流域生态环境保护与全面高质量发展经验等内容；第五章为黄河流域生态环境保护与全面高质量发展的相关理论，主要阐述了黄河流域生态环境保护与全面高质量发展的总体思路、黄河流域生态环境保护与全面高质量发展的协同性、黄河流域生态环境保护与全面高质量发展的必要性等内容；第六章为黄河上游生态环境保护与全面高质量发展，主要阐述了黄河上游流域生态与经济发展问题、黄河上游流域生态环境保护与全面高质量发展路径等内容；第七章为黄河中游生态环境保护与全面高质量发展，主要阐述了黄河中游流域生态与经济发展问题、黄河中游流域生态环境保护与全面高质量发展路径等内容；第八章为黄河下游生态环境保护与全面高质量发展，主要阐述了黄河下游流域生态与经济发展问题、黄河下游流域生态环境保护与全面高质量发展路径等内容。

笔者在撰写本书的过程中，借鉴了国内外很多相关的研究成果以及著作、期刊、论文等，在此向相关学者、专家表示诚挚的感谢。

由于笔者水平有限，书中有一些内容还有待进一步深入研究和论证，在此恳切地希望各位同行专家和读者朋友予以斧正。

目 录

第一章 绪论

黄河流域作为我国重要的生态屏障和重要的经济地带，在我国经济社会发展和生态安全方面具有十分重要的地位。为了推动黄河流域的生态环境保护与经济发展，有必要对黄河流域的相关理论内容进行研究。本章分为黄河流域地貌及地理区域划分、黄河流域生态系统类型及格局演变、黄河流域生态环境特点、黄河流域生态环境与经济发展四部分。

第一节 黄河流域地貌及地理区域划分

一、黄河流域地貌及地理区划

黄河流域西界巴颜喀拉山，北抵阴山，南至秦岭，东注渤海。流域内地势西高东低，高低悬殊，形成自西而东、由高及低三级阶梯。

最高的一级阶梯是黄河河源区所在的青海高原，位于著名的"世界屋脊"——青藏高原东北部，平均海拔 4000 米以上，耸立着一系列北西—南东向山脉，如北部的祁连山，南部的阿尼玛卿山和巴颜喀拉山。黄河迂回于山原之间，呈"S"形大弯道。河谷两岸的山脉海拔 5500 ～ 6000 米，相对高差达 1500 ～ 2000 米。雄踞黄河左岸的阿尼玛卿山主峰玛卿岗日海拔 6282 米，是黄河流域最高点，山顶终年积雪，冰峰起伏，景象万千。

巴颜喀拉山北麓的约古宗列盆地，是黄河源头，玛多以上黄河河源区河谷宽阔，湖泊众多。黄河出鄂陵湖，蜿蜒东流，从阿尼玛卿山和巴颜喀拉山之间穿过，至青川交界处，形成第一道大河湾；祁连山脉横亘高原北缘，构成青藏高原与内蒙古高原的分界。

第二级阶梯地势较平缓，黄土高原构成其主体，地形破碎。这一阶梯大致以太行山为东界，海拔 1000 ～ 2000 米。白于山以北属内蒙古高原的一部分，包括

1

黄河河套平原和鄂尔多斯高原两个自然地理区域。白于山以南为黄土高原,南部有崤山、熊耳山等山地。

河套平原西起宁夏中卫、中宁,东至内蒙古托克托,长达750千米,宽50千米,海拔1200～900米。河套平原北部阴山山脉高1500余米,西部贺兰山、狼山主峰海拔分别为3554米、2364米。这些山脉犹如一道道屏障,阻挡着阿拉善高原上腾格里、乌兰布和等沙漠向黄河流域腹地的侵袭。

鄂尔多斯高原的西、北、东三面均为黄河所环绕,南界长城,面积13万平方千米。除西缘桌子山海拔超过2000米以外,其余绝大部分海拔为1000～1400米,是一块近似方形的台状干燥剥蚀高原,风沙地貌发育。库布齐沙漠逶迤于高原北缘,毛乌素沙漠绵延于高原南部,沙丘多呈固定或半固定状态。高原内盐碱湖泊众多,降雨地表径流汇入湖中,成为黄河流域内的一片内流区,面积达42200多平方千米。

黄土高原北起长城,南界秦岭,西抵青海高原,东至太行山脉,海拔1000～2000米。塬、梁、峁、沟是黄土高原的地貌主体。塬是边缘陡峻的桌状平坦地形,地面广阔,适于耕作,是重要的农业区。塬面和周围的沟壑统称为黄土高原沟壑区。梁呈长条状垄岗,峁呈圆形小丘。梁和峁是为沟壑分割的黄土丘陵地形,称黄土丘陵沟壑区。塬面或峁顶与沟底相对高差变化很大,由数十米至二三百米。黄土土质疏松,垂直节理发育,植被稀疏,在长期暴雨径流的水力侵蚀和重力作用下,滑坡、崩塌、泻溜极为频繁,成为黄河泥沙的主要来源地。

汾渭盆地,包括晋中太原盆地、晋南运城—临汾盆地和陕西关中盆地。太原盆地、运城—临汾盆地最宽处达40千米,由北部海拔1000米逐渐降至南部500米,比周围山地低500～1000米。关中盆地又名关中平原或渭河平原,南界秦岭,北迄渭北高原南缘,东西长约360千米,南北宽30～80千米,土地面积约3万平方千米,海拔360～700米。这些盆地内有丰富的地下水和山泉河,土质肥沃,物产丰富,素有"米粮川""八百里秦川"等美名。

横亘于黄土高原南部的秦岭山脉,是我国自然地理上亚热带和暖温带的南北分界线,是黄河与长江的分水岭,也是黄土高原飞沙不能南扬的挡风墙。

崤山、熊耳山、太行山山地(包括豫西山地),处在此阶梯的东南和东部边缘。豫西山地由秦岭东延的崤山、熊耳山、外方山和伏牛山组成,大部分海拔在1000米以上。崤山余脉沿黄河南岸延伸,通称邙山(或南邙山)。熊耳山、外方山向东分散为海拔600～1000米的丘陵。伏牛山、嵩山分别是黄河流域同长江、淮河流域的分水岭。太行山耸立在黄土高原与华北平原之间,最高岭脊海拔

1500 ~ 2000 米，是黄河流域与海河流域的分水岭，也是华北地区一条重要的自然地理界线。

第三级阶梯地势低平，绝大部分为海拔低于 100 米的华北大平原。包括下游冲积平原、鲁中丘陵和河口三角洲。鲁中低山丘陵海拔 500 ~ 1000 米。

下游冲积平原系由黄河、海河和淮河冲积而成，是中国第二大平原。它位于豫东、豫北、鲁西、冀南、冀北、皖北、苏北一带，面积达 25 万平方千米。本阶梯除鲁中丘陵外，地势平缓，微向沿海倾斜。黄河冲积扇的顶端在沁河河口附近，海拔约 100 米，向东延展海拔逐渐降低。

黄河流入冲积平原后，河道宽阔平坦，泥沙沿途沉降淤积，河床高出两岸地面 3 ~ 5 米，甚至 10 米，成为举世闻名的"地上河"。平原地势大体上以黄河大堤为分水岭，以北属海河流域，以南属淮河流域。

鲁中丘陵由泰山、鲁山和沂山组成，海拔 400 ~ 1000 米，是黄河下游右岸的天然屏障。主峰泰山山势雄伟，海拔 1524 米，古称"岱宗"，为中国五岳之首，山间分布有莱芜、新泰等大小不等的盆地平原。

现代黄河三角洲是指 1855 年从河南省铜瓦厢决口夺大清河注入渤海发育而成的巨大扇形堆积体，以宁海为起点，北起套尔河口，南至支脉沟口，其南北分别与渤海湾和莱州湾相邻。黄河善徙善迁，改道频繁，自 1855 年至今 160 多年的时间里黄河河道已发生 11 次规模较大的改道。1855 ~ 1938 年，黄河以宁海为顶点经历了 7 次摆动，形成第一级近代三角洲；随后，摆动顶点下移至渔洼，并分别改走神仙沟流路（1953 ~ 1964 年）、刁口河流路（1964 ~ 1976 年）和清水沟流路（1976 年至今），形成第二级近代三角洲；在 1996 年于清 8 断面实施人工出汊工程，此后黄河改走清 8 汊入海，逐渐形成以清 8 断面附近位置为顶点的清水沟第三代三角洲。现行河口口门在 2007 年由东向转至北向，并于 2013 年洪季自然出汊，同时从现行流路北汊口和东汊口入海，并形成近期的现行河口地貌格局。

二、黄河流域区域地质概况

黄河流域的地质奥秘，还有待进一步探查。参照已有的勘测研究成果，黄河区域地质概况综述如下。

（一）黄河流域区域大地构造

流域横跨昆仑、秦岭、祁连地槽和华北地台四个大地构造区域，或称为西域陆块及华北陆块,以贺兰山—六盘山的深大断裂为分界。区域地貌轮廓和地层发育特征主要受区域构造的制约。

西域陆块包括祁连、东秦岭、昆仑—西秦岭及巴颜喀拉等断块,亦称褶皱带。这些断块呈带状展布,为北西或北北西向,岩层挤压变形强烈,褶皱紧密,断裂构造异常发育,有大规模中、酸性侵入和小型基性和超基性岩体侵入。

华北地台,亦称华北陆块。吕梁运动形成其基础,经晚元古至古生代的沉积加厚及固结硬化。中生代时期,太平洋板块向东区古陆俯冲,其后又受燕山运动影响,华北陆块产生褶皱和断裂,并伴有岩浆活动,形成一系列趋近北东向的断块盆地、隆起和断陷盆地,如阿拉善与鄂尔多斯断块盆地,阴山、吕梁山、太岳山、秦岭和崤山等隆起;银川平原、河套平原和汾渭平原等断陷盆地,以及华北陆缘盆地等。

(二)黄河流域主要构造体系

黄河流域主要构造体系包括天山—阴山和昆仑—秦岭两个纬向构造体系,祁(连山)、吕(梁山)、贺(兰山)"山"字形经向构造体系,新华夏构造体系,以及河源地区的"歹"字形构造体系。

1.纬向构造体系

天山—阴山带和昆仑—秦岭带是两条一级纬向构造带,其间是相对稳定的华北地块。阴山及其东延部分被新华夏系改造,方向略转为北北东,构造带主体由乌拉山复背斜及较大的挤压断裂带组成。分布有古老变质系和部分古生代及中生代地层,并有花岗岩及超基性岩带侵入。该体系开始于太古代,五台运动奠定基础,古生代后期基本完成,挽近期仍有北亘带。其西段受其他体系强烈干扰,延至青海境内阿尼玛卿山一带,转向北北西,与拉鸡山脉相连。秦岭东段受新华夏系干扰,表现为断续出现,嵩山以东逐渐没入华北平原,至鲁南枣庄一带又出现,继而东延入海。昆仑—秦岭构造带的北亚带多为古老的变质岩系和震旦系及部分下古生界岩系组成的复式背斜,挤压极为强烈,地层不整合多次出现,侵入岩发育,几乎各个时代的岩浆岩都有,构成一个突出的岩浆岩带。陕西华县有新生代花岗岩入侵,秦岭北坡大断裂新生代活动强烈,发生过多次强烈地震。

2.祁、吕、贺"山"字形构造体系

祁、吕、贺"山"字形构造体系是流域内规模较大的构造体系,展布于黄河上、中游广大地区,夹持在阴山与秦岭两大纬向构造带之间。前弧顶部在秦岭以北宝

鸡附近，宝鸡以东的前弧构造是新月形汾渭地堑，以及关中盆地东南边缘展布的古生代褶皱带，其中汾渭地堑中上第三系至第四系是流域内最厚者，可达4000米，至今仍是构造活动和地震多发区。

"山"字形构造的东翼由一系列大的背向斜组成，如吕梁山大背斜和太原槽地等呈斜列状展布，由于受新华夏系和经向构造体系的影响和干扰，渐变为褶皱带和盆地，这些盆地多为在古生代及中生代时期形成的重要含煤地区。西翼是由大型褶皱、断裂带和夹在其间的槽地组成，即祁连山脉、循化—贵德槽地、西宁乐都槽地等。

"山"字形脊柱是在古经向构造带基础上发展而成的，由一系列南北褶皱带和压性断裂组成，贺兰山褶皱带就是代表。

祁、吕、贺"山"字形构造体系，在侏罗纪前已经有了轮廓，直到上侏罗纪时整个体系发育成熟，到挽近地质时期仍有强烈的活动，尤其是同新华夏系和经向构造体系复合部位的汾渭地堑。贺兰山和六盘山地区是黄河流域地震最活跃的地带之一。

3. 新华夏构造体系

分布于东经101°以东，在中下游地区占主导地位。由一些北北东向隆起带和沉降带相间组成。自东而西，在流域内分布有第二沉降带——华北平原的一部分，第三隆起带——太行山及第三沉降带——陕甘宁盆地等。其中早期新华夏系生成发展于晚三叠纪至侏罗纪晚期，主要表现为北35°东走向的斜列式"S"形构造带，褶皱断裂较发育。在山西、河北、河南三省有三四级构造分布，在陕北为由陆相湖盆组成的北东向沉降地带。晚期新华夏系主要生成于白垩纪至老第三纪中期。为走向北20°东的斜列式压扭性断裂构造和断陷盆地，如银川—成都构造带为断裂拗陷带。新华夏系以总体走向北北东的岛弧形复式隆起与复式沉降地带为主体，在冀晋凹陷地带与祁、吕、贺"山"字形东翼相重接。

4. 青藏"歹"字形构造体系

青藏"歹"字形构造体系是一巨型构造体系，又名青藏反"S"形构造体系。黄河流域西部分布在"歹"字形头部，即青海南山、拉鸡山、阿尼玛卿山、巴颜喀拉山等地，其总体走向为北西—南东，主要由一系列生成于不同时期的"S"形或反"S"形复式褶皱和主干断裂组成。该体系于第三纪中叶基本成型，挽近时期仍有强烈活动，岩浆活动亦相当频繁。

三、黄河流域气候划分与特征

（一）气候分区

按照中国气象局对全国的气候区划，黄河流域主要属于南温带、中温带和高原气候区。根据黄河流域的实际情况，选取干燥度、年降水量、大于或等于10℃的积温、1月份平均气温和年极端最低气温等5个主要气候因子，采用聚类分析方法，对全流域代表性气候站进行空间分类，同时参考全国气候区划的结果，将黄河流域所属的三个气候带划分为8个气候区，并将其中部分气候区划分成2~3个气候副区。

1. 南温带气候区

黄河流域属于南温带的区域比较辽阔，主要包括黄河中下游除去吴堡以上的广大地区，总面积接近25万平方千米。南温带内共有两个气候区，即黄河中下游半湿润区（Ⅰ）和陕甘晋半干旱区（Ⅱ）。同时，根据水分热量指标和地理特点的差异，还将黄河中下游半湿润区分为渭河区（ⅠA）、三花金堤河区（ⅠB）和大汶河区（ⅠC）；将陕甘晋半干旱区分为北区（ⅡA）、中区（ⅡB）和南区（ⅡC）。

2. 中温带气候区

黄河流域属中温带的区域主要位于中上游龙羊峡至吴堡区间除大通河、洮河上游以外的地区，以及汾河的河源区，面积约32.4万平方千米，其中包括晋陕蒙半干旱区（Ⅲ）、黄河上游干旱区（Ⅳ）和青甘宁半干旱区（Ⅴ）。

此外，根据水分热量指标和地理特点的差异，还可将黄河上游干旱区划分为三个气候副区，即套西区（ⅣA）、宁蒙区（ⅣB）和甘宁区（ⅣC）。

3. 高原气候区

黄河上游兰州以上至河源的大部分地区属于高原气候区。区内多高山、草原，海拔高程大多在73000米以上，其中积石山（又称阿尼玛卿山）的主峰玛卿岗日海拔6282米，是流域内最高峰。全区面积约18.2万平方千米。

属于高原气候区的有青川甘湿润区（Ⅵ）、上游半湿润区（Ⅶ）和河源湖南半干旱区（Ⅷ）。同时，根据水分热量指标和地理特点的差异，还可将上游半湿润区分为北区（ⅦA）和南区（ⅦB）；将河源湖南半干旱区分为河源区（ⅧA）和湖南区（ⅧB）。

（二）气候的主要特征

黄河流域气候水热状况比较复杂，流域内不同地区的气候有明显差异。黄河流域主要的气候特征有以下几点。

①日照充足，太阳辐射较强。黄河流域纬度较低，全年日照充足，年日照时可达 2000 ~ 3300 小时，年日照百分率在 50% ~ 75%，居全国第二，是长江流域的数倍。黄河流域太阳辐射介于 110 ~ 130 千卡平方厘米 / 年，呈现从西北到东南逐渐减弱的趋势。

②季节差异强，温差大。黄河流域地区季节差别大，上游河源地区由于地势高，深居内陆，全年气温低，季节特点为"全年皆冬"。向西至渭河中上游地区为"冬长夏无，春秋相连"。兰州至龙门为"冬长夏短"，流域其余地区为冬季寒冷，夏季炎热，四季分明。流域年平均温度为 4 ℃。黄河流域的温度差异受地形影响大于纬度影响。随着地貌的三级阶地变化，温度从东北到西南方向逐渐变暖。

③降水分布不均，集中且强度大，年际变化显著。黄河流域除了东南部地区降雨大于 650 毫米外，大多数地区的年降水量在 200 ~ 650 毫米。由于秦岭山脉的阻挡作用，山脉北坡的降水量可达 700 ~ 1000 毫米。黄河流域降水的空间分布呈东南向西北逐渐递减的趋势，分布极不均匀。流域冬季和春季降水较少，气候干旱，尤其是 12 月到次年 2 月降水量最少。降水集中在夏季和秋季，其中 6 ~ 9 月降水量占全年的 70% 左右，为黄河流域的雨季。

④蒸发作用强，湿度较小。黄河流域常年受较强太阳辐射，蒸发作用强，年蒸发量可达 1100 毫米。在黄河流域中上游，平均水汽压小于 800 帕，相对湿度小于 60%。黄河流域蒸发能力很强，年蒸发量达 1100 毫米。年蒸发量较大的地区仍然主要分布在了黄河流域中上游地区，最大可达 2500 毫米。

为了深入了解黄河流域的气候特征，有必要对气温、降水、蒸发三方面的特征进行更加具体的阐述，具体如下。

1. 气温

（1）年平均气温

黄河流域年平均气温在 -4 ~ 14 ℃，总的趋势是南高北低，东高西低。三门峡以下河南、山东境内达 12 ~ 14 ℃，为全流域最高。上游河源地区低于 -4 ℃，为全流域最低，如青海省玛多站达 -4.1 ℃。

从黄河流域年平均气温等值线分布图可以看出，年平均气温随纬度升高而降低，流域南部为 14 ℃左右，而北部仅 2 ~ 3 ℃。随海拔高程增高而递减，即地势越高，气温越低。西安年平均气温达 13.3 ℃，处于同一经度的包头站由于纬度高 6 ℃多，年平均气温仅 6.5 ℃；与西安基本处于同一纬度的玛多站，海拔高程为 4215 米，比西安高 3800 余米，结果其年平均气温比西安低 17 ℃以上。

（2）月平均气温

流域内一月气温最低，习惯上以 1 月份的平均气温作为冬季气温的代表。一月全流域除三门峡至花园口区间个别站的平均气温在 0 ℃以上外，其余地区都低于 0 ℃，北纬 38°以北和东经 103°以西地区在 -16 ~ -10℃，为流域气温最低区域；其余广大地区大多在 -10 ~ 0℃。此时由于蒙古高压的势力特别强盛，气温分布随纬度的差异尤其突出，使得黄河上游内蒙古境内的气温显著偏低，成为流域的另一个低温区。于是，黄河干流兰州至临河段的气温呈现出上游高于下游的特征，这正是上游宁蒙河段冬季凌汛的气候成因。

黄河下游河南、山东境内，虽然地势较为平坦，但由于干流呈西南—东北走向，加之冬季沿东亚槽南侵冷空气对沿海地区的影响胜过内陆，故气温的分布也呈现出上游高、下游低的特点，从而形成了下游河段的凌汛。

由于地势作用和大气环流影响等，黄河流域与世界同纬度其他地区相比，1 月的平均气温普遍偏低 10 ~ 14℃。

7 月平均气温作为夏季气温的代表。兰州以下的大部分地区，7 月平均气温超过 20 ℃；其中流域中下游河南、山东境内，渭河平原及北干流河曲以下是气温最高的地区，7 月平均气温大多在 24 ~ 26 ℃。由于下垫面的影响，宁蒙河段的气温相对偏高，大多在 22 ~ 24 ℃，成为流域的另一个高温区。7 月为黄河流域全年南、北温差最小的月份。

上游兰州以上地区 7 月平均气温大多在 20 ℃以下，此时河源和大通河上游是全流域气温最低的地区，如玛多站 7 月平均气温仅 7.5 ℃，大通河上游相邻的野牛沟站只有 9.1 ℃；自上而下气温逐渐升高，到贵德、西宁站，7 月平均气温分别达 18.3℃和 17.2 ℃。

（3）气温时空变化特征

第一，时间变化特征。1980 ~ 2020 年黄河流域年均气温表现为显著增加。黄河流域多年平均气温为 6.19 ℃。其中，气温最高值出现在 2006 年（7.13 ℃），气温最低值出现在 1984 年（4.85 ℃），年均气温差值达到 2.28 ℃。近 41 年黄河流域气温呈显著上升，气温变化的倾向率为 0.42 ℃/10a。温度升高表明黄河流域气候对全球变暖有显著响应。

黄河流域 8 个二级流域年均气温变化趋势相似，在过去 41 年间 8 个二级流域均呈显著增加，且增加趋势由大到小依次为：头道拐至龙门（0.450 ℃/10a）＞兰州至头道拐（0.443 ℃/10a）＞龙羊峡以上（0.436 ℃/10a）＞龙门至三门峡（0.425 ℃/10a）＞内流区（0.420 ℃/10a）＞三门峡至花园口（0.406 ℃/10a）＞龙羊峡至兰州（0.398 ℃/10a）＞花园口以下（0.391 ℃/10a）。

第二，空间变化特征。1980～2020年黄河流域年均气温空间分异性较强，年均气温呈现由东向西逐渐递减的空间分布特征。其中，年均气温高值区主要位于黄河流域中下游平原区；而黄河源区海拔较高，气温相对较低，为流域气温低值区。据调查可知，黄河流域各二级流域年均气温在空间上差异较大，8个二级流域多年平均气温依次为龙羊峡以上（-1.59 ℃）＜龙羊峡至兰州（1.81 ℃）＜兰州至头道拐（7.07 ℃）＜内流区（7.56 ℃）＜头道拐至龙门（8.25 ℃）＜龙门至三门峡（9.34 ℃）＜三门峡至花园口（11.46 ℃）＜花园口以下（13.64 ℃）。

1980～2020年黄河流域年均气温进行逐像元变化趋势分析，可知：近41年来整个黄河流域均表现为显著升温，且龙羊峡以上西部地区的气温增加趋势相对较高。气温增加趋势最高值为0.55 ℃/10a，最低值为0.27 ℃/10a，平均倾向率为0.42 ℃/10a，可见黄河流域在1980～2020年整体呈现显著变暖。

2. 降水

黄河流域处于东亚海陆季风区的北部，上游及中游西部地区还受高原季风的影响。流域大部分地区距海洋较远。流域内地形复杂，具有多种多样的下垫面条件，因而使得流域的降水具有地区分布差异显著、季节分布不均和年际变化大等特点。

（1）年降水量的分布

黄河流域年降水量地区分布总的特点是东多西少、南多北少，从东南向西北递减。

据调查可知，主要多雨区在渭河中下游南部和上游久治—军功区间，年降水量超过700毫米；尤其是渭河的南山支流区，由于地形作用，山坡近顶部年降水800毫米以上，其中双庙站高达980毫米。另两个多雨区在北洛河中游和三门峡以下的广大地区，年降水量超过600毫米，其中下游大汶河流域和中游三花区间南部年降水量在700毫米以上。受地形作用显著的地区，年降水量更大，如泰安站高达1475毫米，为流域之冠。

北纬36°以北的黄河流域北中部地区，由于深入内陆，且受山脉的屏障作用，年降水量比较少，大多在150～550毫米。降水量等值线基本呈东北—西南走向。

这种等值线的分布特点在兰州以下地区尤为显著。其中350毫米等值线的西北侧，降水量向西北方向急剧递减，在宁蒙河套地区形成流域年降水量最少区，如内蒙古的磴口站年降水量仅144.5毫米，成为流域之最。该区兰州以上地区则由于受祁连山地形及青海湖的影响，沿大通河出现黄河，上游大于450毫米的另一个多雨区。

综上所述，黄河流域降水的南北差异悬殊，多、少雨区之间年降水量之比平均大于4，个别站之间的比值接近7，这是其他河流所不及的。

（2）降水的季节分配

黄河流域大部分地区处于季风气候区，季风影响十分显著，降水的季节分配很不均匀，呈现出冬干春旱、夏秋（6～9月）降水集中的特点。降水量占年降水量的比例是春季13%～23%、夏季40%～66%、秋季18%～33%、冬季仅1%～5%，连续最大4个月（6～9月）的比例可达70%左右。这种年降水量的集中程度，存在着年降水量愈小，其集中程度愈高的趋势。

各地季降水量所占比例差异较大。春季所占比例偏高（>20%）的地区主要集中在北纬35.5°以南的低纬度地带，而中上游北部和河源地区的比例相对比较小。夏季情况与春季相反，中上游北部和河源地区及下游大汶河流域的比例偏高，多数大于57%，其中呼和浩特高达66%，而渭河中下游却不足45%。秋季比例的差异虽然仍然较大，基本形势与春季相似，但主要在泾、渭河中下游及上游低纬度带有秋雨的地区偏高，其余大部分地区的比例较接近。冬季由于降水量极少，各地比例虽有差别，但影响甚小。

（3）全年降水日数

全年降水日数，即全年内日降水量≥0.1毫米的总天数，其分布总趋势与年降水量基本一致，降水日数总的分布趋势是南多北少、东多西少。降水日数偏多地区主要集中在北纬36°以南，其中以渭河南山支流区为最多，降水日数超过140天。其次是葫芦河干流以东至千河上游区和北洛河中游干流至马莲河干流区间，分别有大于120天和大于110天的区域。此外，下游大汶河中上游还有一个相对偏多区，其中心泰山站达102天。

降水日数小于70天的区域主要在上游兰州至河口镇区间，其中以石嘴山至临河区间为最少，只有30～40天。东北起太原，沿汾河干流直至北洛河下游的东北—西南走向盆地、平原区，有一个小于80天的偏少区。此外，下游干流沿线的降水日数也少于80天。

（4）降水量时空变化特征

第一，时间变化特征。1980～2020年黄河流域年降水量变化趋势不明显，流域近41年的降水量均值为473.99毫米。其中，年降水量最大值出现在2003年（588.39毫米），最小值出现在1997年（366.54毫米），两者相差221.84毫米。1997年汛期中纬度地区盛行纬向环流，盛夏期间黄河流域由于多受大陆暖高压脊的控制，高温少雨，加上副高明显偏西，脊线偏北，西风带北支锋区偏北、南支锋区偏南，冷空气势力偏弱，台风偏少，致使黄河流域汛期强降雨过程明显偏少，流域出现了持续性严重干旱，下游利津站出现了有资料记录以来主汛期，即最长断流时间和最多断流次数。而在2003年黄河中游遭遇十几年来最为严重的"华西秋雨"天气，导致2003年降水量达到近几十年来最大值。1980～2020年黄河流域降水量整体呈波动变化。总的来说，黄河流域降水量在20世纪90年代最少，2000年以来呈波动增加趋势。

黄河流域8个二级流域年降水量变化趋势不同。据调查可知，兰州至头道拐、龙门至三门峡、三门峡至花园口、花园口以下和内流区年降水量变化趋势不显著，仅龙羊峡以上、龙羊峡至兰州、头道拐至龙门年降水量呈显著增加趋势，增加趋势由大到小依次为：头道拐至龙门（21.33 mm/10a）＞龙羊峡至兰州（20.10 mm/10a）＞龙羊峡以上（17.99 mm/10a）。

第二，空间变化特征。1980～2020年黄河流域年降水量具有较强的空间分异性，年降水量呈现由东南向西北递减分布。黄河流域年降水量最大值为1108.80毫米，最小值为116.22毫米，降水量差值达到992.58毫米。其中，流域降水量高值区主要位于兰州以上片区、秦岭北麓和中下游区；降水量低值区主要为河套西部。据调查可知，黄河流域各二级流域年降水量在空间上差异较大，三门峡至花园口、花园口以下年降水量较大，分别为656.14毫米和682.60毫米；其次为龙羊峡以上、龙门至三门峡，年降水量分别为554.00毫米和551.76毫米，龙羊峡至兰州、头道拐至龙门的年降水量分别为493.92毫米和453.74毫米，内流区、兰州至头道拐的年降水量最低，分别为289.65毫米和304.29毫米。

对1980～2020年黄河流域年降水量进行逐像元分析发现：近41年来黄河流域年降水量变化空间差异明显，年降水量的倾向率介于-17.10～45.79 mm/10a，平均倾向率为13.72 mm/10a；流域年降水量呈增加和减少趋势的区域占比分别为88.59%、11.41%，其中呈显著增加趋势的区域占29.70%，主要为龙羊峡以上、龙羊峡至兰州、内流区南部、头道拐至龙门北部等。

3. 蒸发

蒸发量的大小与辐射状况、风速和空气的湿润程度有关。通常用蒸发皿测量，换算为 E601 型数值表示，习惯上称为水面蒸发。

从流域多年平均水面蒸发量等值线图可以看出，大部分地区在 800～1800 毫米，地区差异比较大，水面蒸发量的主要高值区在年降水量小于 400 毫米的区域。如兰州至吴堡区间及中游无定河上游多在 1200 毫米以上，其中上游吴忠至磴口区间和内流区都超过 1600 毫米，尤其乌兰布和沙漠区的石嘴山至磴口区间高达 1800 毫米以上，为全流域之冠。而且，这些地区蒸发量等值线的走向与年降水量等值线的走向基本一致，只是大、小值的趋势相反。

另外，在黄河中下游年平均气温高于 6 ℃，且全年降水日数小于 90 天的地区，以及上游湟水中下游还有两个大于 1200 毫米的高值区。

流域其余地区的水面蒸发量大多在 700～1200 毫米，其中相对高程变化较大的祁连山、太子山、六盘山、秦岭等山区的水面蒸发量，其值随高程增加而减小，由 1000 毫米递减到 800 毫米以下，为流域的低值区。尤其太子山和秦岭，同时受气温的影响，水面蒸发量不足 700 毫米。

水面蒸发的年内分配，随气温、湿度和风速等要素的影响而变化。全年蒸发量最小值出现在隆冬 12 月至次年 1 月；最大值出现在春末夏初 5—6 月，黄河上游唐乃亥以上高寒地区最大值出现在 7 月份。流域平均五六月份的蒸发量可占到全年蒸发总量的 30% 以上。

经计算，黄河流域的年干旱指数，大多在 1.0～10.0；其值分布的地区差异较大，总的趋势是自东南向西北递增。流域内靖远至包头区间及内流区的干旱指数明显偏大，大多在 5.0 以上，尤其西北与内陆片交界的局部地区高达 10.0 以上，为全流域之冠；流域南部秦岭山区、巴颜喀拉山区和阿尼玛卿山区东南部、六盘山南部，以及下游大汶河东南部和上游湟水、大通河干流沿线的干旱指数比较小，大多在 1.5 以下，尤其渭河中下游的南山支流区，其值小于 1.0，为全流域最小。流域其余地区在 1.5～5.0。

第二节　黄河流域生态系统类型及格局演变

一、黄河流域生态系统的构成及空间分布

黄河流域范围广阔，地处中国西北部，东西长约 1900 千米，南北宽约 1100

千米，流域面积 79.5 万平方千米。黄河流域具有地貌单元复杂、生态系统类型多样化等特点。随着流域人口的增加和经济社会的快速发展，黄河流域生态系统已经受到自然和人为等多种形式的干扰，黄河承载压力日益增大，以下游断流为标志，流域生态系统呈现出整体恶化的趋势。据调查可知，黄河流域生态系统构成主要以草地、耕地为主。

根据 2000～2020 年黄河流域五期土地利用/覆被空间分布可知，黄河流域土地利用数量结构和空间分布变化均呈现出较明显的区域分异特征。草地和耕地始终占绝对优势地位，2020 年分别占流域土地利用面积的 43.33% 和 35.87%，其次为林地、未利用地和建设用地面积，水域和湿地占比较小，两者面积之和仅占流域土地总面积的 1.23%。分流域土地利用格局分析，上游土地利用结构相对简单，形成了以草地为绝对优势（62.74%），耕地（19.2%）、未利用地（8.98%）和林地（7.01%）为主要类型，兼有较小比例的水域（1.19%）、湿地（0.2%）和城市建设用地（0.68%）的空间分布格局；中游以耕地为优势地类（49.53%），林地（24.13%）和草地（23.47%）平均分布，建设用地（2.51%）、水域（0.18%）、湿地（0.14%）和未利用地（0.04%）占比较小的分布特征；下游耕地占主导地位（82.28%），建设用地为主要用地类型（9.77%），林地（2.17%）、草地（2.33%）和水域（2.41%）呈小比例平均分布，未利用地占比最小（0.02%）。

从黄河流域土地利用结构空间分布来看，草地大面积分布在黄河流域西部河源地区和巴颜喀拉山等高山地貌上以及中北部内蒙古高原和黄土高原地区；林地主要集中在南部的秦岭北坡和中条山、黄土高原腹地的子午岭及汾河流域两侧的太行山和吕梁山；耕地以旱地为主，主要分布在地形平坦、水热条件较好的下游地区以及汾渭盆地和河套平原等地，呈现沿河走向的条带状分布特征，表明黄河上游山地丘陵区和下游平原地区分别承担着保障国家生态安全和粮食生产的重任。水域主要为黄河及其支流，呈东西流向。未利用地占比较小，受自然条件限制，生态系统极其脆弱，主要集中在上游北部边缘的巴丹吉林沙漠、库布齐沙漠和毛乌素沙漠。城乡建设用地零星分布于上游黄河干流沿线各地市，而在下游的河南、山东两省的平原地带呈集中连片空间分布特征。至 2020 年，上、中、下游建设用地面积分别占流域建设用地比例的 17.14%、38.25% 和 44.61%，且空间扩张趋势明显，主要体现为建设用地对耕地资源的占用，说明现阶段黄河流域仍处在快速城镇化发展时期，对建设用地的刚性需求强劲，土地供需矛盾加剧。

二、黄河流域土地利用格局演变特征

土地利用/覆被变化是人类最基本的实践活动，对维持生态系统服务功能起决定作用，也是生态系统服务功能量化和生态系统健康研究的关键切入点。同时，土地利用变化过程中城镇建设用地扩张是城镇化进程最直接的体现，而荒漠区治理以及山区退耕还林还草等一系列生态修复和保护措施的实施也是人类为保护生态系统做出的努力和尝试。因此，在分析黄河流域生态系统过程、城镇化演进趋势之前，首先需要对流域土地利用格局演变特征进行深入剖析。

从黄河流域土地利用结构时序变化特征分析，2000～2020年黄河流域耕地、未利用地和湿地面积出现不同程度的萎缩，其中耕地和未利用地面积减少最为明显，研究期内分别减少245.51万公顷和86.63万公顷，说明过去20年间，耕地和未利用地转为其他地类的情况比较严重；湿地面积在2010年至2015年小幅度上升后再次呈明显下降态势，20年间共减少0.52万公顷；水域面积基本保持稳定；林地、草地和建设用地面积出现不同程度增长，其中，建设用地快速扩张，过去20年间增长了205.14万公顷，增幅达到383.15%，在2015年新增建设用地面积达到最高值。从建设用地增长速度分析，尽管建成区面积持续扩张，但是增速逐渐放缓。林地和草地面积研究期内分别增长了40.12万公顷和80.61万公顷，尤其是草地面积，在2000～2005年期间经过一次大的涨幅后（33.52万公顷），近5年伴随着林地面积的扩大再一次出现明显增长，期间林地和草地分别增长了28.56万公顷、23.77万公顷。随着国家大力实行的退耕还林还草政策以及近年来"绿水青山就是金山银山"等环保意识的提高，流域林草地面积显著增加，相对应的耕地和未利用地面积明显缩减。

总的来讲，通过采用黄河流域2000、2005、2010、2015和2020年5期土地利用/覆被数据，引入时间动态变化模型、重心迁移轨迹模型和R语言中桑基图可视化模型，从土地利用/覆被空间分布、结构特征、数量变化、空间趋势以及转移轨迹等不同角度解析黄河流域土地利用状况，其研究结果如下。

第一，黄河流域土地利用/覆被结构和空间分布集聚特征明显。流域西高东低的地形态势决定了粮食保障用地和城市建设用地集中分布在中游和下游的平原地带，林地和草地等生态保育用地集中分布在中上游山地丘陵区。过去20年间，耕地、湿地和未利用地面积出现不同程度的萎缩，中游和下游城市建设用地急剧扩张，增幅达到383.15%。研究期内各地类间相互转化频繁：耕地20年间净流失量达到254.7万公顷，主要以草地和建设用地占用为主；草地转入转出行为均比较频繁，但主要以转出为主；受国家荒漠化治理的影响，流域北部未利用地主要流向林地和草地，但也存在局部草地资源退化趋势；建设用地是流域最大的转入地类；水域和湿地面积较小且相对比较稳定。从上、中、下游各地类转移特征来看，上游各地类间的相互转化行为最为活跃，主要表现为耕地、未利用地和林地向草地转变，以及草地向耕地转变；中游转入和转出行为较上游稳定，主要表现为耕地转向草地和建设用地，以及草地向林地、建设用地和耕地的流入；下游各地类之间转移较为单一，主要表现为耕地向建设用地转入。

第二，黄河流域土地利用/覆被重心迁移轨迹具有显著的方向性。随着地形和气候条件以及林草资源保护的政策，流域整体耕地空间分布逐步向东部平原地带的优质农业区偏移；林地和草地在过去20年间空间移动范围较小；未利用地空间位置整体呈"西北—东南"偏移方向，重心呈倒"V"形迁移特征；近年来下游各城镇和经济中心社会经济发展活跃，城镇建设用地重心逐渐向东部豫中和山东半岛方向转移，空间扩张模式整体呈现出各城镇独立发展逐渐向多中心空间聚合态势。2000～2020年间流域各区县土地利用强度呈增大趋势，其中，上游土地利用强度始终保持在较低水平且空间差距较大；中游土地利用强度整体增长较为缓慢，但最大值一直处于流域内最高水平，说明个别区县发展比较充分，但对周边地区的辐射带动作用尚未充分发挥；下游整体土地利用强度最高，而且增长速度也明显高于上游和中游地区，核心城市郑州和济南在城镇化的快速发展过程中对周边县域带动作用明显。

第三节　黄河流域生态环境特点

黄河是我国第二大河，流经青海、四川、甘肃、宁夏、内蒙古、山西、陕西、河南、山东等9省（区），于山东垦利区注入渤海。以内蒙古的河口镇、河南的孟津为分界，黄河可分为上、中、下游3段。黄河的干支流在中游流经黄土高原，泥沙量增大，成为名副其实的"黄河"，泥沙在下游堆积，河道抬高成为"悬河"，中、下游是人类活动最频繁的区域。黄河地处干旱半干旱区域，降水量多年平均464毫米，且降雨分布时空不均。黄河水资源的最主要特点是水少沙多、水沙异源、水土资源分布不一致。黄河流域面积虽占全国面积的8%左右，但其河川径流量仅占全国的2%左右。流域人均占有水量为我国人均水量的27%；平均每公顷耕地水量4560立方米，仅占全国的17.3%。而黄河平均输沙量为16亿吨，列世界各大江河之首。

一、黄河源区生态环境特点

黄河源区位于黄河上游，西起源于巴颜喀拉山，东抵岷山，黄河在阿尼玛卿山周围形成180°的大转弯，最终汇入龙羊峡水库。海拔范围2680～6248米，地势落差大，呈西高东低，地表河流密布，沟壑纵横。气候类型为高寒半干旱、半湿润气候，夏季潮湿，冬季干冷。受地形和地理位置影响，水热条件空间差异很大，2001～2020年平均气温-1.35℃，平均降雨量579.50毫米，并由此影响了植被类型。

源区日照时数一般在2400～2800小时，日照百分率在55%～60%，东部少于西部。年太阳总辐射量一般为597.5～655.7 kJ/cm，随海拔的升高由东南向西北递增，与全国同纬度地区相比，辐射量相对丰富。无绝对无霜期，四季不分明，一般只有冷、暖两季。每年5～11月是黄河源区干旱频发期，干旱发生率达23%～25%，属青藏高原境内干旱发生高频区。除风沙、干旱灾害外，雪灾、霜冻也是该区十分常见的自然灾害。本区处于亚洲季风气候区，风蚀和冻融侵蚀作用强烈。区内河谷开阔、冰川广布、水系发育、水质良好，除河道沿线为融区外，大部为永久冻土。

本区土壤主要有高山草甸土、高山草原土、高山荒漠土、山地草甸土、栗钙土、沼泽土、风沙土等，其中又以高山草甸土为主，沼泽化草甸土也较为普遍，受青藏高原发育年代和地势高的影响，植被稀少，土层浅薄一般为30～50厘米，含烁石较多，腐殖质层薄。这类土壤一旦遭到破坏极难恢复。山前广布洪积扇，多为巨烁、碎石、粗砂。本地区地形和地貌复杂，气候高度异质，植被类型和生物物种十分丰富，既有温带山地森林、温带草原、温带荒漠，也有高寒气候影响下形成的高寒灌丛、高寒草甸、高寒垫状植被、高寒荒漠以及温地植被等。其中以耐低温、旱生多年草本和小灌木组成的草原为分布最广的植被类型。本区草群营养品质好，类型多，适宜放牧。但由于气候原因，也存在生长季节短、牧草长势年际差异大、自然灾害较多等不足。

本区动物种类也较多，其中许多是适应于本地区高寒环境的特有品种，如野驴、藏牦牛、藏羚羊、岩羊、藏原羊、白唇鹿、雪豹等。由于湖泊广布，鱼类资源也很丰富。黄河源区大部分地区属高寒草原生态系统，自然条件的恶劣使这种生态系统结构简单、自我平衡能力较差、生态阈值较低。本系统的草原结构大致可分为三层：草本层、地面层和根层。青草是该生态系统的生产者。由于本区域地势开阔，适宜善于奔跑的大型草食动物生活，如野驴、野羚羊等，它们与洞穴的啮齿类如田鼠、旱獭等构成初级消费者，蜂虫等草食昆虫也在此列；肉食动物如狐狸、狼及肉食猛禽和捕食昆虫的鸟类在这个生态系统的食物链中属次级消费者。倘若没有人类的无计划介入，这个生态系统会在相对平衡中演化，即使有自然条件的变迁，它也能通过自身调节来达到新的平衡。

最近几十年来，由于气候和人为因素，河源地区生态环境发生了极大变化，干旱形势十分严峻。气候变暖，造成冻土融区范围扩大，季节融化层增厚，甚至多年冻土层消失，冰川退缩，湖泊水位下降，近千个小湖泊干涸或濒临干涸，雪线上升，径流减少，鄂陵湖上下连续出现断流现象。原有的生态功能逐步消失，草原持续退化并趋于严重，物种生存环境遭到威胁。植被生长缓慢，在自然状态下呈退化演替之势。加之人类活动的干预破坏，使本来就比较脆弱的生态系统极易崩溃，生态环境严重恶化，且短期内难以恢复，形势十分严峻。

二、黄土高原生态环境特点

黄土高原西起日月山，东至太行山，南靠秦岭，北抵阴山，是地球上黄土最集中、分布面积最大、堆积最早的地区，总面积为 64 万平方千米，属典型的半干旱地区，年降水量一般为 300～500 毫米，多暴雨，加之长期以来不合理的开垦，水土流失十分严重，年输入黄河泥沙高达 16 亿吨左右，导致生态环境恶化，旱涝灾害频繁发生。

黄土高原的生态背景从地貌上看，地貌类型多样，且地形破碎，坡陡沟深，地面物质组成大部分为黄土，土质疏松，遇水崩解，极易侵蚀，从降水上看，降水少而集中，时空分布极不均匀，黄土高原自东南向西北，年降水从 700 毫米递减到不足 200 毫米，6～9 月降雨占全年降水量的 60%～70%，多为暴雨。从能量上看，光热通量大，日照时间长，蒸发能力强，蒸发量大于降水量。从植被上看，植被覆盖率低，且自东南至西北逐步递减，由乔灌植被向灌草植被、荒漠植被转化，由于大量的地面裸露，使土壤失去了有效保护及对水的调节作用。从人类活动上看，随着该地区人口的增长，毁林（草）开荒、陡坡种地、过度放牧、破坏植被，使原有脆弱的生态系统遭到破坏而难以恢复。随着现代社会生产力的不断发展，采矿、基础设施建设、城镇扩展等造成生态环境新的失衡。

以上 5 个方面相互联系、相互作用，造成了黄土高原严重生态环境问题——水土流失。最典型的是河口镇至龙门区间，集水面积 11.2 万平方千米，属半湿润气候向干旱气候过渡地带，全年降雨集中在夏季，连续 4 个月降雨量占全年降水量的 70%～80%，暴雨强度可达 1 毫米 / 分钟以上，暴雨期的径流系数可达60% 以上，是黄河泥沙的主要来源区。

第四节　黄河流域生态环境与经济发展

一、生态保护与经济的关系

（一）生态与经济的关系

1. 经济发展增加环境压力

我国在改革开放以后一直高速发展经济，在此背景下，受传统工业和科学技术的限制，经济的发展对环境的破坏较为严重，如水质污染、土地荒漠化、森林草原和河流生态破坏。这是传统工业发展造成的生态问题，也是工业经济发展过程中技术落后的必然现象。随着科学技术的进步，我国现在的经济发展高度重视生态环境的保护和治理，大力发展环保技术。但是经济发展势必会对环境造成一定的影响，基础设施建设、农民生活生产都会影响生态环境。在经济发展的过程中，要重视经济发展与环境保护的关系，让环境成为经济发展的助力。

2. 生态与经济的统一关系

从生态环境与经济发展相互的关系来看，两者是对等统一的关系，能够相互影响。生态环境为经济发展提供了基础环境和资源，反过来经济的发展也可以服务于生态保护。合理利用环境资源，有助于经济的持续性增长。要平衡生态保护与经济发展，找到和谐共生之路，提升生态和经济效益。这其中要重视生态保护对经济发展的作用，找到经济发展中保护环境的方法。

（二）生态与经济协同发展的机理

1. 生态与经济协同发展的内涵

（1）协同发展的内涵

协同是依据协同学原理来探讨组成系统的要素之间或者各个系统之间的协调与同步。协同发展是在系统论的基础上拓展了协同论。协同发展是系统论的显示应用，把自然环境系统看作一个大系统，把社会、经济、城市、生态等系统看作自然大系统内的诸多子系统。协同发展既要求大系统内各个子系统之间以及子系统内部组成要素之间协同，又要求子系统内部的组成要素间有相同的发展目标和统一的整体规划，子系统之间有高度的协调性与整合度。但是，在一定程度上，协同发展更加倾向于协同原理的协同作用，打破了平衡与非平衡的界限，使事物发展趋势从无序走向有序。

（2）生态与经济协同发展的内涵

生态与经济协同发展包含两个方面：一是生态系统的协同发展，也就是生态资源和生态环境的协同发展，其中包括生物资源和植被资源之间的协同发展。生态资源与生态环境不仅是人类生存的基本自然条件，而且还是人类社会向前发展的物质能量来源，这是协同发展的基本条件；二是经济系统的协同发展，是社会生产和社会消费的协同发展，是协同发展的中心。生态与经济虽然相互制约又互相促进，却也形成了协同发展的一体——以生态系统为基本、以经济系统为核心、人类调控作用贯穿其中。生态系统、经济系统以及各要素之间是有机统一的，只有生态与经济系统达到较高的协同发展成熟度时，生态经济协同发展的成效才是最佳的。可见，生态经济的协同发展，是可持续发展的创新与延伸，这种发展方式有利于人类沿着智力更高和寿命更长的方向进化，其目的在于提高并且优化区域协同发展的整体功能，实现区域整体最优。

2. 生态与经济协同发展理论依据

（1）协同学理论

协同学理论最初是由德国物理学家赫尔曼·哈肯（Hermann Haken）教授于1971年创建的。该理论探究了不同系统从无序转变为有序的类似性。序参量是协同学原理的核心内容，它是在系统逐渐变化过程中的显性变化，并在变化过程中形成的新参量。协同学研究的是社会与自然大系统，该系统由许多属性不相同的子系统构成，但是各个子系统之间是互相制约、互相合作的。协同学理论包括：①协同效应。协同效应是系统中的许多子系统互相影响而产生的系统效应。协同论中的协同作用是指大系统对各子系统有调节内在动力的作用，这个功能可以使系统从无序转变为有序。②序参量原理。复合系统在由不稳定向新的时间点转变结构时，大多数情况下会是由序参量来决定的。如果某一个参量在系统完善转变过程中从无到有的发展，并且能够显示出系统新结构组合形式，支配整个系统进一步向着良好方向发展和演化，那么这个参量就是序参量。当某个系统接近临界点的时候，子系统之间进行协同运行，就会导致序参量的出现。③自组织原理。自组织是指没有外界影响下，系统本身可以通过自身的组织结构、自觉地增加系统本身有序的进化程度。自组织原理介绍了大系统会通过各个子系统之间的协同作用而产生新的时间与空间的有序结构。

（2）系统论

系统是由多个部分组成，并且按照既定的结构组织起来的整体。系统是普遍存在的，在复合系统中，存在着互相联系的关系。我国科学家钱学森把内部具有复杂性和关联性的研究对象看作"系统"，并且这个系统同时又从属于另一个更大系统。系统论是 20 世纪 40 年代由奥地利生物学家贝塔朗菲（Bertalanffy）创立的一门新型学科，他指出：系统论是用系统整体含义来研究客体，并从始至终把客体看作整体来研究，以及对系统、要素、环境三者的互相关系和进化规律性进行研究。

系统论是指由一定程序和组织结构将互相联系与相互作用的要素联系起来，且各因子都处在一定位置上，起着特殊的作用。系统论揭示了在区域性大系统中，生态、经济、社会各子系统是互相依存、不可分割的整体，同时各系统之间必须"协同发展"运作才能实现整个大系统的最优化。因此，系统论以其独特的思维方式改变了机械固定分析的传统思维，为人类理性的客观看待世界提供了一种新的科学研究角度。这为从科学角度来研究生态经济系统，制定协同发展策略与向协同发展高效化推进研究进程提供了科学方法论指导。

（3）可持续发展理论

可持续发展理论旨在解决经济发展与生态环境之间的矛盾问题，其最终目标是实现经济与生态环境之间的持续性，不仅强调人类生存与资源利用的公平，也注重国家之间的公平利用。因此，可持续发展是促进经济与生态环境协同发展的重要理论基础之一。

第一，可持续发展的内涵。20 世纪 60 年代，国外环保运动的出现为可持续发展理念奠定了基础，人类在享受工业化所带来的财富的同时，对生态环境的破坏也逐渐凸显，人口迅速扩张、资源枯竭、环境污染严重以及能源危机成为当时经济发展的障碍。相关学者纷纷发表相关著作，表达了他们对经济与生态环境可持续发展的担忧。1987 年，世界环境与发展委员会的报告《我们共同的未来》正式提出了可持续发展这一概念。

如果发展在隔代之间不会减少，那么就将这种发展称为"弱"可持续发展。这既体现了代际公平的发展，也对当代发展方式形成了一种约束，不以牺牲后代人的福利为代价。"强"可持续发展主要通过改变经济发展方式，提高生产效率，从而减少资源依赖，实现不同生产要素之间的替代。正如《我们共同的未来》所提出的，我们接受发展，经济的发展是必要的，但这种发展必须是可持续的，在满足人们的需求同时，能够有效地避免增加环境问题。可持续发展的内涵主要从五个维度来展开。

①共同发展。发展对于人类来说是无差别的，任何国家与地区都需要通过经济发展来维持必要的生存条件，世界或区域系统整体发展。

②协调发展。经济与生态环境作为人类社会发展的重要矛盾之一，两系统间的协调发展是实现可持续发展的重要环节，同时，世界、国家和地区三个空间层面的协调发展，以及区域人口、资源、环境、经济与社会的协调发展都是可持续发展的一部分。

③公平发展。不同代际应公平使用自然资源，对于当代人来说，有义务为后代保存好自然资源，不应留下"自然债"；国家与地区之间不应肆意掠夺其他国家与地区的资源，滥用武力职权等。

④高效发展。过去的经济发展成本高、效率低，对资源环境的损害较大。因此，可持续发展应通过转变发展方式、优化产业结构，依靠科技创新驱动发展数字化经济，而不是传统劳动力以及资源能源驱动。

⑤多维发展。不同区域的资源禀赋及其地理位置有所差异，因此，各地区应从国情、地区特点出发，因地制宜，实现多元可持续发展。

第二，经济可持续发展。经济可持续发展遵循"劳动生产—价值本质—价值外化"的优化规律，当忽略生态环境的质量发展经济效益时，就失去了价值自然属性所涵盖的意义，也将导致长远经济利益的损失。经济生产活动的环境成本问题是经济增长与可持续发展的另一关系问题，应将环境成本纳入微观经济核算，利用现有的监测机制和价格机制，使所有的企业单位对经济生产活动所产生的环境外部性承担责任后果。

经济可持续发展的手段是通过公关投资、政府投资以及技术创新，不断优化产业结构，大力发展现代服务业与大数据等绿色产业，改变传统的经济发展方式，逐步改变经济发展对不可再生资源的消耗，改善生态环境质量。再者，很多国家及地方政府通过实施政策干预、建立完善的资源消耗市场机制，减少生态污染的外部性问题，削弱人类对自然资本的剥削。

具有代表性资源可持续使用的承受范围为：对于不可再生能源，如原油、油页岩、天然气、化石燃料等，其可持续的使用范围应为自身的使用速率低于可再生能源替代他们的速率。如风力发电、光伏发电等脱颖而出，对资源的消耗也有所缓解；对于可再生能源，如太阳能、水能、生物质能以及潮汐能等，其可持续的适用范围应为自身使用速率高于这些能源的再生速率；对于污染物排放，其可持续的排放速率应不超过污染物被生态环境吸收或无害化处理的速率。如污水排放涌入污水处理厂，通过"机械处理—生物处理—深度处理"后的污水达到一定标准能够重新回归地表，用于农业灌溉及城市建设等方面。

第三，环境可持续发展。环境可持续发展是人类社会经济可持续发展的必要前提，关系到人类的生存与发展，因此，环境的永续发展是可持续发展的关键部分。有学者以"制约"为前提对环境可持续做出了相关解释，将生态环境作为人类社会经济生产资料的"来源"以及污染物的"去处"，这两个环节是环境可持续发展的重要功能。人类的社会生产活动与生态环境之间的交互可分为两个部分，一方面通过利用可再生与不可再生资源，此时的生态环境是社会生产的"来源"，另一方面是人类将产品以及服务消费之后所产生废弃物或污染物排放到生态环境之中，此时的生态环境是废弃物的"去处"。

经济合作与发展组织（OECD）在环境可持续发展战略的基础上，提出了对资源利用的 4 个具体标准，包括对可再生能源、不可再生能源的利用限制，避免不可逆的环境影响，以及生态环境对污染物同化吸收能力的要求。依据这 4 个标准，OECD 制定了相应的环境可持续发展战略要求：①制定有效的自然资源监管体系，确保生态系统的完整性；②降低经济发展对生态环境的依赖程度；③提高人类生活质量，改善生态环境恶化的处境；④加强政府管理以及与其他部门的合作，共同改善生态环境质量。

通过查阅世界可持续发展权威机构所发布的环境可持续发展相关研究成果，发现多数可持续发展指标体系的构建离不开经济与生态环境两大系统。这里整理了三个较为经典的环境可持续发展指标体系，分别为经济合作与发展组织（OECD，2005）所提出的《衡量可持续发展》，联合国（United Nations，2007）所提出的《可持续发展指标：准则和方法》，以及世界银行（The World Bank，2014）所提出的《世界发展指标》，由此总结出环境可持续发展指标的相关因素，如表 1-1 所示。

表 1-1　环境可持续发展相关要素

环境可持续相关要素	权威机构
气候演变	OECD、United Nations
大气环境 / 空气质量	OECD、United Nations、The World Bank
臭氧层破坏	United Nations
土地侵蚀	United Nations

环境可持续相关要素	权威机构
土地资源利用	United Nations、The World Bank
耕地资源	United Nations
森林资源	United Nations、The World Bank
海洋资源	United Nations、The World Bank
渔业资源	United Nations
海洋生态环境	OECD、The World Bank
水资源总量	OECD、United Nations、The World Bank
水质情况	United Nations
生物多样性	OECD、United Nations、The World Bank
能源利用情况	The World Bank
自然灾害	OECD
国家自然保护区	The World Bank

（4）循环经济理论

循环经济思想源于环境保护思潮，早期的代表是 20 世纪 60 年代美国经济学家肯尼斯·博尔丁（Kenneth Boulding）提出的"宇宙飞船理论"。随着 20 世纪 90 年代可持续发展战略的广泛认同，人们深刻地认识到与线性经济相伴随的末端治理的局限性，源头预防和全过程治理成为环境与发展政策的真正主流。由此，循环经济作为实现经济可持续发展的重要途径而逐步发展起来。它打破了传统经济发展理论把经济和环境系统人为割裂的弊端，要求把经济发展建立在自然生态规律的基础上，促使大量生产、大量消费和大量废弃的传统工业体系转轨到物质的合理使用和不断循环利用的经济体系，为传统经济转向可持续发展的经济提供了新的理论范式，可从根本上解决长期以来环境与发展之间的矛盾与冲突。

第一，循环经济的特点。循环经济是对物质闭环流动型经济的简称，是以物质、能量梯次和闭路循环使用为特征的，在环境方面表现为污染低排放，甚至污染零排放。循环经济把清洁生产、资源综合利益、生态设计和可持续消费等融为一体，运用生态学规律来指导人类社会的经济活动，因此，循环经济本质上是一种生态经济，是相对于传统的线性经济而言的，旨在建立一种以物质循环流动为特征的经济，从而实现可持续发展所要求的环境与经济双赢。

循环经济的特点主要表现在以下几方面。

①循环经济可以有效消除外部不经济现象。循环经济打破传统经济"资源—产品—污染排放"模式的物资单向流动，倡导建立在物质不断循环利用基础上的经济发展模式。从运行机理看，循环经济要求系统内部以互联的方式进行物质与能量的交换，组织成一个"资源—产品—再生资源"的物质反复循环流动的过程，最大限度地利用那些进入系统的物质和能量。它是一种功能型经济，强调资源的循环利用。如果人类经济活动严格遵循其原则行事，外部不经济现象则可以从源头上得到有效遏制。

②强调环境优化技术和环境共生。传统经济是单纯通过消耗自然资源获取经济增长的，往往会造成资源枯竭和环境恶化。而循环经济倡导的是一种与资源环境和谐共生的经济发展模式，是一个"资源—产品—再生资源"的闭环反馈式循环过程，并且在生产过程中使用环境优化技术，提高生态环境的利用效率，从而把经济活动对环境的影响降低到尽可能小的程度，从根本上解决长期以来困扰我们的环境与发展之间的尖锐矛盾，实现经济与环境的双赢。

③生态工业是循环经济的重要形式。循环经济主要有三个层次，即单个企业的清洁生产、企业间共生形成的生态工业园区以及产品消费后的资源再生回收。其中，生态工业是循环经济实践的重要形态。生态工业的发展是按照循环经济原理组织起来的、基于生态系统承载能力、具有高效经济过程及和谐生态功能的网络化、进化型工业组织模式。而其载体是生态工业园。生态工业园是依据循环经济理念和生态工业学原理而设计的一种新型工业组织形态。生态工业园区的目标是尽量减少废物，将园区内一个工厂或企业产生的副产品用作另一个工厂的投入或原材料，通过废物交换、循环利用、清洁生产等手段，最终实现园区的污染零排放。

第二，循环经济的原则。在现实操作中，循环经济需遵循 3r 原则，即减量化（reduce）、再利用（reuse）、再循环（recycle）原则。减量化原则是输入端方法，即要求用较少的，特别是控制使用有害于环境的资源投入来达到既定的生产目的与消费目的，从而在经济活动的源头就控制资源使用和减少污染；再利用原则是过程性方法，即要求制造产品和包装容器能够以初始的形式被多次使用和反复使用，而不是用过一次就废弃；再循环原则是输出端方法，即要求物品在完成其使用功能后能重新变成再生资源。再循环有两种情况：一是原级再循环，即废物被循环用来产生同种类型的新产品，例如，纸张再生纸张，塑料再生塑料等；二是次级再循环，即将废物资源转化成为其他类型的产品原料。原级再循环在减少原料消耗上达到的效率比次级再循环高得多，是循环经济追求的理想境界。

3r 原则在循环经济中的重要性顺序是减量化—再利用—再循环，减量化原则是循环经济的第一原则。

（5）绿色发展理论

绿色发展的本质是追求环保与和谐。国内外学者结合中国经济发展实际，批判传统发展模式的局限性，论述了有关绿色发展的战略意义。一部分学者对绿色发展理论的内涵进行了探讨，如有学者认为绿色发展是绿色和发展的内在融合，其关键是发展，核心是将资源环境视为内生增长要素，通过转变发展方式，基于绿色的理念、资本、技术以及制度等方式来实现经济的高效率、高水平发展，反过来，还可以利用高质量的发展成效来提升绿色发展的能力，从而促进人类协调、公平、可持续发展。还有一部分学者对绿色发展理论的应用进行了研究，丰富了绿色发展理论的实践意义，如有学者认为绿色经济的概念对决策者越来越有吸引力；还有些中国学者基于绿色发展理念，对我国多个省份的碳排放与经济增长之间的关系进行了实证分析，发现我国大部分省份经济增长与碳排放量处于弱脱钩状态、与碳排放强度处于强脱钩状态，经济增长并未造成大量的碳排放。

（6）生态补偿理论

第一，关于生态补偿的概念，具体阐述如下。

①对生态补偿概念的不同理解。从不同的学科角度出发，对于"生态补偿"一词的理解各有其侧重。生态学意义上的生态补偿着眼于生态的整体性、可优化性特征，将生态补偿理解为生态系统由于外界活动而遭到干扰、破坏后，功能的自我调节、自我恢复；环境经济学则从自然资源的产权角度出发，侧重于研究资源有偿使用意义上的生态补偿，为各种体现生态补偿目的的环境经济手段的运用提供经济学基础；环境伦理学将道德关怀的眼光投放在人类之外，认为在生态系统中，自然客体和人类一样具有独立的道德地位，和人类具有同等存在和发展的权利，人类应担当起环境道德代理人的责任，对生态予以积极维护、补偿其被利用、破坏后功能的缺损，生态补偿是自然平等、绿色正义等环境伦理价值的要求；而在环境管理学中，生态补偿的思想被具体化为环境管理实践中体现了生态补偿特征和要求的管理手段和工具，不仅包括环境行政手段，还包括各种有关于此的一系列经济手段、社会手段等。

②生态补偿概念的界定与范围。生态补偿是指人类社会为了维持生态系统对社会经济系统的永续支持能力，针对生态环境进行的补偿、恢复、综合治理等行为，从而起到维持、增进生态环境容量或者抑制、延缓自然资本的消耗和破坏过程的作用，以及对生态建设做出贡献者和由于环境保护和利用自然资源而利益受

到损失者所给予的资金、技术、实物上的补偿，以及政策上的优惠等行为，其实质是通过补偿制度的设计，达到生态系统与人类社会的协调、良性互动，最终实现社会经济和人类自身的永续发展。

生态补偿制度设定的最终目的是保护或恢复生态系统的生态功能或生态价值，而为了达到这个目的，需要对从事生态建设的人在生态建设中做出的贡献和受到的损失进行补偿，以鼓励他们进行生态建设的积极性。因此，生态补偿应该包含两层意思：第一层意思即生态补偿的原意（本意），是对生态环境的直接补偿，也就是对生态功能的补偿；第二层意思是指对在生态环境的直接补偿的活动中做出贡献者和利益损失者所进行的经济补偿，即对人的补偿。

第二，关于生态补偿的类型，具体阐述如下。

①资源有偿使用意义上的生态补偿和公共投资意义上的生态补偿。

A.资源有偿使用意义上的生态补偿。当经营者使用某种自然资源进行经济性的开发利用时，政府或主管部门代表社会对其征收资源使用费，即资源使用者将一部分经济效益返还给社会，这种补偿是"资源有偿使用"意义上的补偿，它从部分社会成员（或部分产业）流向社会。中国目前在某些领域征收的生态补偿费，如对矿产资源征收的资源税、林业部门对伐木者征收的育林费以及水利部门征收的部分水资源费等，都属于这种补偿类型。如果我们把自然环境容量也看成一种资源或者自然资本，实际上也应该如此看待，则中国目前征收的排污费实际上也属于该补偿类型。到目前为止，人们所说的生态补偿主要是针对这种狭义的补偿类型而言的。有学者指出，征收这种生态环境补偿费的主要目的在于提供一种减少生态环境损害的经济刺激手段，遏制单纯资源消耗型经济增长，提高生态资源的利用率，同时合理地保护生态环境，兼为生态环境治理筹集资金。

B.公共选择与公共投资意义上的生态环境补偿。社会为了维持某种自然资源的存在和持续发展，通过某种契约关系（最常见的如工资契约关系），将资源委托给部分社会成员进行管理和维护而实施的经济补偿，如某个没有经济收入的自然保护区，其维护和发展只能由全部社会成员来分担，现实中表现为政府对保护区的财政拨款等方式的无偿投入，这种补偿是"公共选择"意义上的补偿，它从社会流向部分社会成员或者部分产业。一些发达国家，如日本和奥地利，把林业视为一种公共福利性质的特殊产业，从而对营林投资实行高比例的补助，实际上也形成了这种补偿类型。这种补偿类型是政府通过正面的手段，直接安排或鼓励部分社会成员从事生态环境和自然资源的保护事业。到目前为止，人们较少在这种意义上理解和使用生态环境补偿的概念。

②抑损性生态补偿和增益性生态补偿。

通过上述对资源有偿使用意义上的生态补偿和公共投资意义上的生态补偿的比较可以知道,这两种补偿的最终目的是一致的,但是二者的直接目的却又不同。第一类补偿主要是为了抑制生态资源过快受损而设计的,带有被动和弥补倾向,是一种起到了"抑损作用"的补偿;第二类补偿则主要是为了直接促使生态资源增益而形成的,带有主动和进取倾向,可称为起"增益"作用的补偿。根据两类补偿的不同作用(亦即抑损作用和增益作用),相应地可以定义出两种补偿类型,这里把它们表述为"抑损性补偿"和"增益性补偿"。而且针对同一种资源的不同行为,也可能导致不同的补偿类型发生,如对森林资源,在营林阶段,经营者会享受到增益性补偿,如发放育林基金、其他营林补贴以及享受政府的低息或无息贷款等间接补偿形式;然而在伐木阶段,伐木者却要交纳各种与国家进行森林资源管理和调控有关的税费,从而形成了抑损性补偿流。

第三,关于受益者补偿和对受损者的补偿,具体阐述如下。

①受益者补偿,即通常所说的"谁受益,谁补偿"。这种补偿类型一般发生在某种生态功能或资源开发的受益主体很明确,或者受益范围可以清楚地加以界定的场合。我们把这种补偿类型表述为"受益者补偿"。受益者补偿中的补偿流是从部分受益的社会成员出发,流向受益的提供主体的。

②对受损者的补偿。这种补偿类型一般发生在社会的某种生态保护计划和资源开发方案对部分社会成员或部分地区的实际利益造成损害的场合,例如,创建自然保护区对部分当地居民的生计造成了损害。其补偿从社会流向受损的主体或地区,我们把这种补偿类型表述为"对受损者的补偿"。

(7)环境经济价值理论

环境经济价值理论就是把生态环境价值与经济价值融合、共生和兼顾的特殊价值形式,它反映了经济价值与生态环境价值、生态环境成本与经济核算、投入与产出的关系。由此基点出发,环境经济价值论更有力地维护了劳动价值所体现的自然生态环境与经济社会的属性。在计算生态环境效益时,把劳动价值区分为有益和有害,把产值区分为有效的和无效的,并非所有抽象劳动量或社会必要劳动量对消费者和社会都是有益的,当它的载体即某些具体劳动或使用价值造成生态环境污染和破坏时,这一类价值就是有害的,它最终还要由社会抽象劳动创造的价值来补偿。同样,记入总产值中的某些产品,如果它的生产过程造成生态环境污染,这一类产品所计算的产值则是无效的,因为清除这类环境污染物,还要耗费产值。

环境经济价值旨在缓解其背后所掩盖的深层次的社会矛盾，即经济发展过程中生态环境权和发展权的矛盾，突出表现为与经济增长的不协调性。当人们发现环境经济化的初衷在于缓解不同行政主体之间和不同利益主体之间的生态环境矛盾，应用环境经济价值理论就发挥了应有的作用。

经济运行的系统性转变需要生态环境资源配置机制的转换，这一切都要建立在对生态环境价值的科学评估之上。从环境经济价值这个基点出发，观察"经济发展"与"环境价值评估"的互动联系，并由此建立"环境成本"与"环境经济价值"的对应关系，借助环境成本的内生化来了解生态环境价值与经济价值在生产、交换和消费等诸环节中发生、发展、变化的态势，以求找寻到生态环境和经济社会协同发展的内在规律与实现形式。

环境利益和经济利益的市场交换机制体现了环境经济价值理论。环境经济价值的交换就是环境经济利益在市场中的分割，有效的市场机制是连接环境经济价值生产与实现的"桥梁"，一个维护着价值客观性的市场机制要求生产者与消费者之间公正地评价生态环境经济效用，所以在生态环境与经济增长相互影响以及协同发展进程中，建立以环境经济价值创造为核心的经济运行体系是至关重要的。

（8）环境承载力理论

环境承载力理论不仅阐述了经济发展的生态环境约束问题，而且为建立生态环境系统与经济系统的有机联系提供理论依据。当人类社会经济活动和行为对生态环境的影响超过了生态环境所能承受的支持极限，即超过了环境承载力，因此环境承载力可以作为衡量经济与生态环境协同发展的判断依据。

环境承载力的概念是在人类改造自然、征服自然，生态环境污染蔓延全球和生态环境恶化不断加剧的情况下，被提出并日益得到重视的，是指在一定对期、一定状态或条件下生态环境系统所能承受的生物与人文系统正常运行的最大支持阈值，从狭义上讲是生态环境容量，从广义上讲是某一区域范围内环境承载人口增长和经济发展的能力。环境承载力反映了生态环境系统与经济系统之间的密切作用关系，强调的是生态环境系统对于人类社会各项发展活动的支持能力和支撑能力，充分体现了生态环境的价值和综合功能。经济发展的前提条件就是经济活动要限定在生态环境安全阈值或称可持续经济发展阈值之内，经济活动离不开作为经济主体的人和作为经济客体的生态环境。

生态环境保护对经济增长的作用是通过环境承载力间接实现的，此变量又与可持续收益呈同方向变化。可以说，根据环境承载力和环境容量从事经济活动，合理利用环境资源，才能获得高的经济效益。当然在经济增长速度较快的发展阶段，生态环境的恶化没有超出生态环境容量，生态环境质量不会下降，经济生态环境系统仍然会朝着正向发展。

3. 生态与经济协同发展的原则

（1）整体有序原则

生态经济系统各子系统之间、子系统内部各个组成部分之间，都有着本身所固有的联系。它的整体功能是要大于其部分功能之和的，这是由系统的结构所决定的。这就是说，每一切部分的增长，都必须服从整体功能的需要。因此，任何对整体功能提高无益的增长，都是违背整体有序原则的。显然，生态经济协同发展，必须遵循整体有序的原则进行。

（2）循环再生原则

生态经济的生产过程是一个周而复始的循环过程，而每一次循环转换所产生的成果，既有主产品（即能用于人类直接消费的产品），又有副产品（即不能用于人类直接消费的产品），但是从实际情况来说，生产所得的副产品往往被作为"废弃物"处理。为了变废为宝，必须根据循环再生原则加入新的生产环节，通过生态科学工艺流程，多层次、多角度地循环利用废弃物：即在第一次对废弃物进行加工处理后转化为第二资源时，又对第二次资源进行加工处理再转化为第三资源。因此，形成一种多层次投入与产出的生产链条，从而促进生态经济系统沿着无废弃物的方向协同发展。

（3）相生相克原则

相生相克展示出来的是生态经济系统影响各因子间的互相促进与互相限制的依赖关系。"相生"是指一个因素的发展能促使另一因素的发展。"相克"指的是一个因素的变化能够制约另一因素的发展，或者双方相互限制对方发展。相生相克一般情况下会形成一种网状式的组织结构。究其原因：一是生物因素及其多样性，二是环境因素及其多样性。生态经济应以相生相克为原则，维持发展的稳定状态，积极采取对应的生态经济措施，达到生态经济系统的协同发展。

（4）自我调节原则

生态经济系统具有在一定范围内自觉适应和自我调节的功能。其原因为：任何一种生物为了本身的生存与发展，都具有一定的自我调节与随着环境的改变而适应的功能，这是生命系统（生态系统）和非生命系统（机械系统）的一个重要的本质上的区别。以人为本、以资源环境为基本的生态经济复合系统，要求依照自我调节原则，不断增强自我调节功能，以促进它们的协同发展。

（5）质量相关原则

质和量是不可分割的，任何一种质变是通过量变来实现的，没有量的积累很难达到质的改变。生态经济系统间的协同发展，包括要素的数量组合，通常以百分比来反映组合结构后的质。换种说法：生态经济系统要素的组合形态是通过质和量的统一体来表现出来的。生态经济是依据质量相关的原则，提高系统的结构功能，并且依照质量相关原则的要求，以特定的联系方式，形成以投入产出链为纽带的同类聚集的结构，使得彼此促进，互利共生，以确保系统的协同发展。

（三）生态环境保护对经济发展的作用

1. 生态环境保护推动经济发展

第一，在经济发展的过程中提倡绿色经济，倡导和谐共生，例如，绿色农业、节能建筑、绿色施工、海绵城市等概念都建立在生态环境保护的基础上。以生态保护为基础的经济发展已经成为当下国家经济发展的核心。

第二，生态保护能够让经济发展有更多的资源，例如，旅游业、城市节能等生态经济成为经济发展中新的增长点，让社会环境下的经济发展有足够的动力。

第三，生态环保能够提升生活环境，提供大量的绿色资源，如水资源、土地资源、森林资源等，这些资源能够构建健康的生活环境，解决经济快速发展降低人们生活质量的问题。同时，生态环境保护也让人们的生活环境得到了改善，减少了用于治理环境的费用，促进了经济发展。

2. 生态保护保证经济持续发展

经济的发展不是竭泽而渔，需要保证持续发展。但是在经济持续发展的过程中，生产力的提升是必要条件，生态环境则是持续发展的基础。一方面，良好的生态环境可保证经济持续发展，而对生态环境的破坏会减少经济发展所需资源。另一方面，生态保护能够为经济持续发展提供新的方向。农业中的绿色产品、建筑中的绿色材料、城市中的绿化，这些都能推动市场经济的发展。

二、黄河流域生态经济发展现状

这里将从经济规模、产业结构以及对外开放程度这三个层面入手，全面地分析黄河流域生态经济发展现状。

（一）经济规模

为全面了解黄河流域的经济发展规模，这里主要选取国内生产总值、工业增加值、全社会固定资产投资额和财政收入 4 个代表性指标分别从总量视角、生产视角、需求视角和收入视角进行现状分析。

2020 年，黄河流域地区的全社会投资总额和地区生产总值为 20.08 万亿元和 20.53 万亿元，占全国比重的 38.08% 和 24.99%，而财政收入和工业增加值分别为 2.75 万亿元和 6.09 万亿元，分别占全国比重的 27.46% 和 19.45%。黄河流域整体的经济发展水平较低，经济规模较小。在沿黄 9 省区中，山东、河南、四川和陕西的各项指标值均占比较高，而内蒙古、山西以及青海等地区次之，黄河流域经济发展规模也存在内部区域差异较大的特征。值得注意的是，2020 年，黄河流域整体的工业增加值占比低于国内生产总值、财政收入和全社会固定资产投资额，可知 2020 年黄河流域的实体经济增长速度放缓。受黄河流域地区社会经济发展水平较低的影响，黄河流域各个产业的发展受到限制，经济发展的动力不足。

（二）产业结构

为了了解黄河流域地区的经济结构，这里主要选取 2020 年第一产业占比、第二产业占比和第三产业占比的指标数据值进行具体研究。

2020 年，黄河流域地区的产业结构比为"三二一"型，黄河流域的第一产业以畜牧业为主，黄河流域地区第二三产业比重相近，因此，黄河流域的产业结构与全国水平相比，依旧有较大的进步空间。2020 年，内蒙古、青海、甘肃和四川地区的第一产业比重远高于黄河流域其他地区及全国平均水平，甘肃省的第二产业占比较其他地区最低，产业结构严重失调。值得注意的是，受地理环境与自然资源等方面的限制，内蒙古的第三产业占比较低，内蒙古地区的产业结构仍停留在"二三一"阶段，黄河流域其他省份均为"三二一"型产业结构。黄河流域各省份之间存在着产业结构及产业发展差异化显著的问题。

（三）对外开放程度

为了了解黄河流域地区的对外开放水平，这里主要选取 2020 年进出口总额、外商企业投资总额、外贸依存度与进出口总额占比这几个指标来具体分析黄河流域地区的对外发展现状。

2020 年，黄河流域地区的进出口总额、外商企业投资总额和外贸依存度分别占全国平均水平的 13.6%、14.56% 和 17.24%，由此可知，黄河流域地区的外贸交易度较低，提高黄河流域地区的对外开放水平能够极大地提高黄河流域的高质量发展水平。其中，山东省的进出口总额和外贸依存度在沿黄九省区中居于首位，分别占全国水平的 50.53% 和 30.26%，山东省的外商投资总额也高达 707.07 亿美元，山东省凭借其良好的地理位置，对外开放水平远远高于黄河流域的平均水平以及黄河流域的其他省区；四川、河南和陕西的对外开放水平略低于山东地区，其进出口总额占比和外商企业投资总额占比仅为黄河流域的百分之十几，外贸依存度也分别仅为 16.64%、12.14% 和 14.43%，在国家和当地政府的扶持下，这些地区的对外开放水平能够达到全国平均水平。山西、内蒙古、甘肃、青海和宁夏地区的对外开放水平极低，青海和宁夏地区的进出口总额分别仅为黄河流域地区的 0.064% 和 0.344%，外商企业投资总额占比仅为 0.004% 和 0.169%，外贸交易度和外商投资水平极低，青海地区的外贸依存度也仅为 0.77%，较低的外贸水平也意味着这些地区有较大的发展空间，当地政府应采取有效的对外开放措施进一步提高当地的对外开放水平，提高地区的高质量发展水平。由此可知，黄河流域地区内部的对外开放水平呈现出不均的特征。

据调查可知，2020 年黄河流域整体的出口额占比远高于进口额占比，由此可知，黄河流域地区整体的进出口贸易差距比较大，外贸进出口结构呈现出严重失衡的状态。而在沿黄九省中，山东省的进出口额占比与黄河流域相似，因此，山东省的外贸进出口结构也呈现出严重失衡的状态；而四川省、山西省、陕西省和青海省的进出口总额占比与全国水平相似，均呈现出口总额占比略高于进口总额占比的状态，由此可知，其进出口贸易水平差距较小，所以外贸进出口结构较为均衡；宁夏回族自治区和河南省的出口总额占比略高于进口总额占比，外贸进出口结构略微失调；然而，内蒙古自治区与甘肃地区的外贸进出口结构与其他地区大相径庭，其出口额占比远远低于进口额占比，出口贸易水平明显低于进口贸易水平，其外贸进出口结构严重失调。由以上分析可知，黄河流域内部区域的外贸进出口结构存在显著的差异性。

第二章　黄河流域水资源环境现状

水是生物圈内生命系统和非生命系统的组成要素，是经济和社会发展的重要基础资源。流域以水为纽带，上下游相互影响，左右岸互相制约。流域系统是由社会、经济、人口、资源、环境构成的复合系统，水在其中起着非常重要的作用。以水资源的可持续利用支持经济社会的可持续发展，是当今的治水思路。为了保证黄河流域水资源的可持续利用，需要先对黄河流域的水资源环境状况进行分析。本章分为黄河流域径流与水资源变化、黄河流域水环境与污染物、黄河流域水资源利用三部分。

第一节　黄河流域径流与水资源变化

一、径流与水资源概述

（一）径流

径流是指降雨及冰雪融水或者在浇地的时候在重力作用下沿地表或地下流动的水流。径流有不同的类型，按水流来源可分为降雨径流和融水径流以及浇水径流；按流动方式可分为地表径流和地下径流，地表径流又分坡面流和河槽流。此外，还有水流中含有固体物质（泥沙）形成的固体径流，水流中含有化学溶解物质构成的离子径流等。

近年来，随着水资源问题的严重性和重要性受到社会各界广泛的重视，作为水资源最主要的来源之一，河川径流成为水资源合理开发利用、优化配置的重要依据。径流的变化在整个水文循环的系统中一直起着主导作用，也一直是水文学的研究重点。随着社会经济的快速发展，水利工程建设、防汛抗旱、水库调度、航运等各个生产部门对径流分析和预测的精度要求越来越高，结合现代水资源的合理开发、高效利用以及水旱灾害的有效防治已成为全世界水利工作者探讨的主题，然而这些主题内容都是以水文现象内在规律的分析研究为基础的。

黄河是我国西北、华北地区的重要水源。伴随着社会国民经济的发展和人类生存的需要，沿黄的人们对黄河水资源的需求不断增加。由于缺水，人们只有超采地下水，造成地面下陷，河道因此丧失了必要的功能，致使黄河流域生态环境恶化、灾害加剧、供需矛盾越来越突出。这是流域生态环境与人类活动及社会经济行为等诸多因素相互作用和相互反馈的结果，已经成为制约黄河流域社会经济可持续发展的主要因素。因此，必须合理配置、优化调度、有效保护有限的黄河水资源，最大限度地满足国民经济各部门的需求，促进资源和环境系统的良性循环以及经济、社会、环境协调发展，对支持全国可持续发展具有重要的现实意义。

（二）水资源

在定性和定量分析水资源对国民经济的支撑作用和贡献程度之前，必须首先明确什么是水资源，这里主要介绍水资源的含义。

水资源是具有政治和经济意义的战略性资源，是国家综合国力的组成部分之一。随着社会的发展和研究的深入，不同部门、不同行业对水资源的含义有着不同的看法和见解。"水资源"一词最早出现于1894年美国地质调查局（USGS）水资源处（WRD），作为陆面地表水和地下水的总称。1988年，联合国教科文组织（UNESCO）和世界气象组织（WMO）定义水资源为"作为资源的水应当是可供利用或有可能被利用，具有足够数量和可用质量，并适合某地对水的需求而能长期供应的水源"。

综合而言，水资源是能够被人类开发利用并给人类带来福利、舒适或价值的各种形态的天然水体。从人类社会发展的过程看，不同时代和不同地点的水资源的范围、种类、数量、质量等不同。广义上，地球上一切形态的水都有可能被人类利用；狭义上，在现有社会经济技术水平的限制下，水资源主要是指赋存于地球陆地的淡水水体。水资源应当具有下列特性。

①可以按照社会的需要提供或者有可能提供的水量。

②这个水量有可靠的来源，且这个来源可以通过自然界水文循环不断得到更新或补充。

③这个水量可以由人工加以控制。

④这个水量及其水质能够适应人类用水的要求。

二、黄河流域径流与水资源现状与变化

（一）径流现状与变化

黄河流域的大部分地区都位于中国西北干旱半干旱地区，其径流量是流经区域内工农业用水和生活用水的最主要来源之一。近几十年来，黄河流域的径流量呈现显著减少的趋势，这不仅对该区域的生态安全和经济发展造成了严重危害，还造成了很多严重的生态环境问题，如河流断流、土壤盐碱化加剧等问题。探讨黄河流域的径流变化特征，以及定量评估气候因素和人类活动因素对黄河流域径流变化的作用，可以对黄河流域的水资源管理提供科学的见解和帮助。因此，首先基于黄河流域的气象观测和径流观测数据，对黄河流域的典型区域——头道拐、花园口和利津水文站的径流时间变化情况进行分析，然后为了尽量准确地识别径流量时间序列的突变年份，通过同时采用 Mann-Kendall 突变检验方法和累计距平方法判断这三个水文站近些年径流数据的突变年份，最后使用 Budyko 假设方法定量计算得到气候因素（降水、蒸发）和人类活动对这三个水文站径流变化的贡献率。研究结果如下。

第一，黄河流域头道拐水文站、花园口水文站和利津水文站站的年径流量均表现为明显的趋于减少，其下降的速率分别是，2.50×10^8 立方米 / 年、5.87×10^8 立方米 / 年和 7.78×10^8 立方米 / 年。三个站点所控制的集水区域的平均年降水量也均显现为不显著降低，而年平均参考蒸发量则都显现为不显著增长的趋势。

第二，同时采用 Mann-Kendall 突变检验方法和累计距平方法作为识别突变年份的方法，发现头道拐、花园口和利津水文站径流变化的基准期都为 1961 ~ 1985 年。人类活动是黄河流域径流减少最主要的影响因素，人类活动对头道拐、花园口和利津水文站径流变化的贡献率都在 70% 以上，分别为 84.07%、73.27% 和 83.27%；在气候因素方面，降水对黄河流域径流减少的影响比蒸发量对黄河流域径流减少的影响更为显著，降水和蒸发对头道拐、花园口和利津水文站径流变化的贡献率分别为 14.90% 和 1.02%，26.69% 和 0.04%，17.18% 和 -0.45%。

此外，通过采取黄河流域的 DEM、土地利用、土壤和气象数据建立了 SWAT 分布式模型的基础数据库，然后使用 SWAT 模型对黄河流域干流上的唐乃亥站点、头道拐站点、三门峡站点以及利津站点的月尺度径流数据进行了参数的调试和验证，最后利用建立好的 SWAT 模型，通过设置 3 种极端土地利用情境探

讨分析了不同土地类型对黄河流域径流的影响机制，然后分别设置了 20 种降水量变化情境、30 种日最高气温变化情境和 30 种日最低气温变化情境定量分析了降水、日最高气温和日最低气温变化与黄河流域径流变化的相关关系，清晰的展示出气候因素（降水、日最高气温和日最低气温）对黄河流域径流变化的影响机制。主要结论如下。

第一，将黄河流域内的全部耕地转变为林地或者草地会降低流域内的径流量，而将黄河流域内的全部林地转变为草地也会导致流域内的径流量增加，因此，耕地、林地、草地三种土地类型对黄河流域径流增加的影响排序为耕地＞草地＞林地。

第二，降水变化比例与 4 个水文站多年来平均径流和 Q95 极端径流量的变化率成开口向上的抛物线函数关系。此外，还可以发现降水变化比例对年平均径流量变化率的影响程度大于对 Q95 极端径流量变化率的影响程度。降水变化比例与 4 个水文站春季和冬季径流占比成向下的抛物线响应函数关系，与 4 个水文站夏季和秋季径流占比成向上的抛物线响应函数关系。

第三，日最高气温和日最低气温增长值与利津和三门峡水文站平均径流和 Q95 极端径流量的变化率成向上的抛物线响应函数关系，与头道拐和唐乃亥水文站平均径流和 Q95 极端径流量的变化率成向下的抛物线响应函数关系。日最高气温和日最低气温上升都会导致夏季和秋季的径流量占比增长，而都会导致春季和冬季的径流量占比显现为明显减少的趋势，这表明气温升高会加剧黄河流域径流量在年内分布的集中程度，致使水资源分配更加的不均衡，会增加春季和冬季的干旱发生风险。

通过对上述黄河流域典型地区的径流变化情况进行具体分析，可以发现黄河流域的部分地区年径流量呈现出日趋减少的特征，其中，气候因素和人类活动因素对黄河流域径流变化产生了极大影响。

（二）水资源现状与变化

关于黄河水利委员会正式发布的 2021 年《黄河水资源公报》，其内容包括降水径流、蓄水动态、水资源量分析、输沙量及重要水事等。

2021 年黄河流域平均降水量 555.00 毫米，折合降水总量 4416.36 亿立方米，较多年平均值（1956～2016 年均值）偏大 22.70%，总体偏丰。

2021 年黄河花园口站实测径流量 509.70 亿立方米，较多年平均值偏大 43.50%；天然河川径流量 730.18 亿立方米，较多年平均值偏大 50.80%；花园口以上区域水资源总量 839.12 亿立方米，较多年平均值偏大 44.90%。

2021 年黄河利津站实测径流量 441.10 亿立方米，较多年平均值偏大 60.40%；扣除利津以下河段引黄水量 7.00 亿立方米，黄河全年入海水量 434.10 亿立方米，较多年平均值偏大 59.50%。

2021 年黄河流域大、中型水库蓄水量减少 1.31 亿立方米；黄河流域各平原区浅层地下水监测面积为 9.6971 万平方千米，总蓄水量增加 25.961 亿立方米；据不完全统计，全流域已形成 3 个浅层地下水降落漏斗、24 个浅层地下水超采区。

2021 年黄河供水区总取水量为 501.45 亿立方米，其中地表水取水量 395.78 亿立方米（含跨流域调出水量 95.02 亿立方米）；总耗水量为 405.25 亿立方米，其中地表水耗水量 327.03 亿立方米。

2021 年黄河龙门、渭河华县、汾河河津和北洛河头合计实测输沙量 1.511 亿吨，较多年平均值偏小 84.80%。黄河小浪底、伊洛河黑石关和沁河武陟三站合计实测输沙量 0.863 亿吨，较多年平均值偏小 89.7%。

此外，可以利用 7 个全球气候模式在 RCP2.6，RCP4.5 及 RCP8.5 三种排放情境下进行气候情境驱动率定的水文模型，模拟 2021～2050 年黄河流域格点径流量过程，进而可以计算出黄河流域不同区域未来水资源较基准期的可能变化。这里提到的全球气候模式如表 2-1 所示。

表 2-1　7 个全球气候模式

序号	全球气候模式	国家
1	GISS-E2	美国
2	CNRM-CM5	法国
3	MPI	德国
4	MRI-CGCM3	日本
5	MIROC	日本
6	BNU	中国
7	BCC-CSM	中国

尽管未来黄河流域降水可能增多，但由于气温的显著升高，模拟的黄河流域未来水资源量可能减小。另外，由水资源变化的模拟结果可以发现，不同气候模式情境下预估的水资源量变化差别较大，甚至相反；例如，在 RCP4.5 情境下，有一半以上的气候模式预估黄河流域在 2031～2040 年的径流量较基准期减

小，减小幅度为 -16.9% ~ -0.9%，而其他气候模式情境下预估水资源量将增大 1.4% ~ 8.3%。因此，不确定性是气候变化影响评价及未来水资源趋势预估需要亟待加强研究的重要方向。

气候变化对水资源具有直接的影响。目前已有研究均认为黄河流域未来气温将继续升高，对降水的预估存在较大的不确定性。另外，对于水资源未来变化分析与选择的基准期和未来时段也密切相关，不同基准期的选择，对未来水资源变化的分析可能会出现不同的结论。

第二节　黄河流域水环境与污染物

一、水环境与污染物概述

（一）水环境

《环境学词典》对水环境的定义是，地球上分布的各种水体以及与其密切相连的诸环境要素，如河床、海岸、植被、土壤等。水环境主要由地表水环境和地下水环境构成。前者包括河流、湖泊、水库、海洋、池塘、沼泽、冰川等；后者包括泉水、浅层地下水、深层地下水等。也有学者认为，水环境的概念应从水质和水量两个层面来理解，一方面是水自身的健康状况，另一方面是因受水自身健康状况而影响的自然环境的健康状况。根据《中华人民共和国国家标准：水文基本术语和符号标准》的定义，"水环境"是指围绕人群空间可直接或间接影响人类生活和发展的水体，以及影响其正常功能的各种自然因素和有关的社会因素的总体。这个概念较为全面科学，揭示了人类与水环境之间的关系。狭义上的水环境也多指地表水环境，对人们的生产生活、身体健康的影响最直接。根据地表水域环境功能和保护目标，《中华人民共和国国家标准：地表水环境质量标准》按功能高低将水域功能和保护目标依次划分为五类，如表 2-2 所示。

表 2-2　地表水水域功能分类

水质类别	水域功能	水质状况
I 类	主要适用于源头水、国家自然保护区	优
II 类	主要适用于集中式生活饮用水地表水源地一级保护区、珍稀水生生物栖息地、鱼虾类产场、仔稚幼鱼的索饵场等	

续表

水质类别	水域功能	水质状况
Ⅲ类	主要适用于集中式生活饮用水地表水源地二级保护区、鱼虾类越冬场、洄游通道、水产养殖区等渔业水域及游泳区	良好
Ⅳ类	主要适用于一般工业用水区及人体非直接接触的娱乐用水区	轻度污染
Ⅴ类	主要适用于农业用水区及一般景观要求水域	中度污染

（二）污染物

污染物是指进入环境后能够直接或者间接危害人类的物质。污染物的种类很多，危害很大，还可以解释为进入环境后使得环境的正常组成发生变化，直接或者间接有害于人类的物质。实际上，污染物可以定义为，进入环境后使环境的正常组成发生变化，直接或者间接有害于生物生长、发育和繁殖的物质。污染物的作用对象是包括人在内的所有生物。环境污染物是指由于人类的活动进入环境，使环境的正常组成和性质发生改变，直接或者间接有害于生物和人类的物质。污染物可有多种分类方法，按污染物的来源可分为自然来源的污染物和人为来源的污染物，有些污染物（如二氧化硫）既有自然来源的又有人为来源的。按受污染物影响的环境要素可分为大气污染物、水体污染物、土壤污染物等。这里重点介绍水体污染物。

水体污染物是指造成水体水质、水中生物群落以及水体底泥质量恶化的各种有害物质（或能量）。水体污染物从化学角度可分为无机有害物、无机有毒物、有机有害物、有机有毒物四类。从环境科学角度则可分为病原体、植物营养物质、需氧化质、石油、放射性物质、有毒化学品、酸碱盐类及热能八类。

关于水污染源，其分类方式较多，目前较为流行的主要有以下几种：①按照人类的活动行为特征可分为工业源、农业源和生活源。②按照污染源排放的空间分布特征可分为点源和面源。③按照位置变化特征可以分为恒定源和移动源。④按照排放的时间特征可以分为恒定源、间歇源和瞬时源。

各种污染源分类方法既相互平行，又交叉包含，为便于与实际的环境管理工作相衔接，在具体研究中可选取《"十二五"主要污染物总量控制规划编制技术指南（征求意见稿）》中对水体污染源的分类方式，即水体当中的污染物来源可以分为工业源、农业源与生活源三类。

二、黄河流域水环境与污染物现状

在黄河流域的工业产业发展中，水环境在一定时期内并未受到特别重视，长期的重污染严重破坏了黄河流域的水质水体。而近年来，黄河流域的重污染企业快速发展，废水的排放量呈持续增长趋势。与此同时，越来越严重的农业污染与生活污染也加入了污染源的行列，这也使得黄河流域日益恶劣的水环境雪上加霜。在黄河干流的水质持续恶化的过程中，水环境污染治理却严重不足与滞后，其措施与力度很难应对与日俱增的水域污染。现阶段，黄河流域水环境与污染物方面存在着一些问题，具体表现在以下几方面。

第一，生活污水处理不达标。随着人们生活水平的提高，各类生活垃圾也随之水涨船高，然而人们对水处理的意识却并没有随之增强，对于污水的处理与排放并没有达到基本的要求。另外，生活污水中还含有大量具有洗涤成分的化学物品，这也是造成大量污水排放的主要原因。在这样的情况下，大部分污水处理厂却运行负荷率偏低，环境整改力度不足，也造成了水环境污染严重的后果。

第二，工业污染难以得到有效控制。在我国能源西移的战略部署下，黄河流域逐渐发展成了我国重要的能源化工基地，企业与工业园区较为集中，其中排污耗水高的行业较多。然而对于水环境污染的治理与防控却相对不足，致使黄河流域水环境污染频频发生。工业企业达标排放稳定性较低，甚至一部分企业受利益驱逐进行非法或超标排污，导致工业污染难以得到有效控制，进而加大了治理水环境污染的难度与障碍。

第三，现有法律在解决主要水生态环境问题方面存在不足。具体表现为：①在污染治理方面无法解决黄河流域突出的污染问题。在排污口管理等方面，《中华人民共和国水污染防治法》《中华人民共和国水法》对 2002 年《中华人民共和国水法》实施前已有的入河排污口未提出管理要求，也未明确入河排污口设置与环境影响评价审批、排污许可等之间的关系。水利部的《入河排污口监督管理办法》对入河排污口监督管理要求进行了细化，但法律层级较低，约束力和执行力不足，职能整合后已不能满足水生态环境管理要求。在污染源治理方面，《中华人民共和国农业法》《中华人民共和国渔业法》《中华人民共和国农产品质量安全法》和《农田水利条例》等从行业管理角度均提出减少污染物排放。《中华人民共和国水污染防治法》提出工业、城镇、农业农村、船舶等要减少污染物排放。但上述法律法规是针对全国普遍情况而制定的，不足以解决黄河流域农业面源污染的突出问题。②在水生态系统修复方面缺少可操作性和约束力。目前，已有法律法规中关于水生态保护与修复的规定对水生态系统的整体性、系统性考虑不足。《中华人民共和国水污染防治法》提出了人工湿地、水源涵养林、沿河沿湖植被缓冲带等生态环境治理与保护工程。《中华人民共和国环境保护法》《中华人民共和国水法》主要对水资源开发利用中水生生物洄游通道，珍稀、濒危野生动植物，生物多样性等水生态的不同方面做出了规定。《中华人民共和国水法》《河道管理条例》对于围湖造地（田）的治理标准没有考虑恢复水生态系统的需求。

第四，水环境质量监测技术落后。以往的水环境质量监测都以人工监测为主，即人工采集水质样本，再送到实验室进行分析检验，这一系列流程下来，任务繁重不说还极易被外在因素所干扰，而且从水域到实验室的空间距离，大大降低了水质样本数据信息的时效性，从一定程度上不能满足水环境管理以及治理的需要。而自动监测系统相较于人工监测则优势更为明显与突出，其监测的连续性、实时性以及全天候的工作性质完全弥补了人工监测的弊端。它可以实时监测水环境，防范水环境污染，对于突发的污染状况也可以及时发现并预警，从而实现水环境污染的有效防控。在我国对于水环境自动监测技术的应用相对较晚，但喜在已经开始全面发展，虽还在起步阶段，但可以预测未来水环境管理在水环境自动监测技术的助力下，定是一片大好。

第三节　黄河流域水资源利用

一、水资源利用概述

水资源利用是指通过诸多的措施和手段，对区域的水资源的综合利用。水资源的利用包含了水资源的禀赋情况以及社会生产和生活对水资源的使用情况，是一个综合的系统。水资源作为自然资源，具有自然属性和社会属性。水资源是稀缺资源，也是人类生产和生活不可或缺、不可替代的资源，水资源应用到生活的方方面面，农业、工业、生活都离不开用水，因而水资源的利用包含了各个产业的水资源使用情况。在我国的数据统计中，水资源利用量的统计分为四个部分，分别是农业用水、工业用水、生活用水、生态用水。一般来讲，我国的经济发展情况可以按照三次产业进行划分，为了便于分析生产用水与经济发展之间的内在联系，可参考其他学者的划分方法，将农业用水作为第一产业用水，工业用水作为第二产业用水，第三产业用水包含在生活用水当中，生活用水又分为城镇公共服务用水和居民生活用水，参考其他学者的研究方法，将城镇公共服务用水作为第三产业用水。

二、黄河流域水资源利用现状

（一）现阶段黄河流域水资源利用状况

1. 黄河流域整体水资源利用概况

在我国现有水资源数据统计中，水资源利用主要在农业、工业、生活及生态领域。根据《2020 年黄河水资源公报》，黄河流域总面积 79.5 万平方千米，2020 年黄河区水资源总量仅占全国水资源总量的 2.7%，其中包括地表及地下水资源量 690.2 亿立方米、415.9 亿立方米。2020 年黄河流域总取水量达到 536.15 亿立方米，其中地表取水量 426.17 亿立方米，地下水取水量 109.98 亿立方米；黄河流域总耗水量 435.35 亿立方米，其中地表水耗水量 353.83 亿立方米，地下水耗水量 81.52 亿立方米。

分行业看 2020 年黄河流域地表取、耗水量，农业地表取水量 286.84 亿立方米、耗水量 231.01 立方米，占总地表取水、耗水量的比重均超出 50%；工业地表取水量 41.52 亿立方米、耗水量 35.87 亿立方米；生活地表取水量 45.93 亿立方米、耗水量 39.17 亿立方米；生态环境地表取水量 51.88 亿立方米、耗水量 47.78 亿立方米。其中取、耗水量占比最多的行业是农业，占比超过 50%，工业、生活和生态环境相差不大。

分行业看 2020 年黄河流域地下取水、耗水量，农业地下取水量 63.36 亿立方米、耗水量 50.68 亿立方米；工业地下取水量 15.44 亿立方米、耗水量 10.14 亿立方米；生活地下取水量 28.43 亿立方米、耗水量 18.33 亿立方米；生态环境地下取水量 2.75 亿立方米、耗水量 2.37 亿立方米。其中农业取水、耗水量最多，生态环境占比较小。

总体用水分行业来看，黄河流域是我国农业经济发展的重点区域，是我国重要的农业生产基地，农田有效灌溉面积为 518 万平方千米，耕地灌溉率为 31.9%，因此黄河流域农业用水量占比最多，农业用水需求最大，其发展也最易被水资源的状态约束。黄河流域矿产、金属等能源极为丰富，中下游地区煤化产业十分发达且生产效率逐年提高，因此该地区工业用水利用效率逐年增加，用水量逐渐减小，2019 年万元国内生产总值用水量达到 51.23 立方米。2010 年至 2019 年黄河流域人均用水量及万元生产总值用水量总体上呈减少趋势，说明用水效率总体趋于优化，但同时水资源总量总体也趋于下降，因此黄河流域总体水资源短缺是黄河流域较为明显的特征，也是制约经济发展的重要阻碍。黄河流域人口总数从 2010 年 32530 万人增长到 2019 年 33805 万人，生活用水在 2010 年至 2014 年减少，之后有逐渐增加，总体上也呈增长趋势，但生活用水的增长幅度小于总人口增长幅度。生态用水占比最小，对生态环境的投入还不够，但近年来对黄河流域生态脆弱性和环境污染的重视程度提高，生态用水的增加程度是最大的，从 2010 年 30.71 亿立方米增长到 2019 年 90.09 亿立方米。2010～2020 年黄河流域整体用水情况如表 2-3 所示。

表 2-3 2010～2020 年黄河流域整体用水情况

年份	水资源总量（亿立方米）	用水量（亿立方米）	人均用水量（立方米/人）	万元 GDP 用水量（立方米/万元）
2010	2836	1030	298.20	106.55
2011	2799	1029	297.18	90.91
2012	2827	1028	295.78	77.98
2013	2890	1027	294.56	71.27
2014	2610	1026	293.12	66.42
2015	2217	984	279.87	61.23
2016	2180	1003	283.32	58.29
2017	2573	1007	283.29	54.67
2018	2948	1012	283.36	51.14
2019	2662	1029	287.15	51.23
2020	2948	1012	299.68	49.32

由于过去黄河流域中下游地区大力发展重工业、上游以农业发展为主，因此黄河流域水资源受到了严重影响。一是水污染严重。丰富的矿产等能源极大地促进了黄河流域重工业的发展，同时城市化也在快速推进，工业化和城市化都会增加污染物的排放，黄河需要净化的废污水急剧增多，中下游水质污染严重。二是水资源浪费情况明显。中上游传统农业用水需求大、效率低，配套设施落后，尤其中上游还是干旱气候，降水量小、蒸发快，这些都使水资源短缺问题愈加严重，越来越多的地方水资源供不应求。

2.黄河流域分省水资源利用概况

根据《黄河年鉴》，黄河流域面积按行政分区，青海面积 15.22 万平方千米，四川 14.32 万平方千米，宁夏 5.14 万平方千米，内蒙古 15.10 万平方千米，陕西 13.33 万平方千米，山西 9.17 万平方千米，河南 3.62 万平方千米，山东 1.36 万平方千米。其中，青海面积占比最大，山东面积占比最小。2020 年黄河流域青海省水资源总量高达 1011.9 亿立方米，与 2010 年相比增长了 37%，占总流域水资源总量的 31%。总体来看，水资源分布极不均匀，青海、内蒙古水资源较多，而宁夏水资源量最少，2020 年仅占总量的 3%。2010 ~ 2020 年，陕西、河南水资源量下降较为明显，其他省水资源量均有增加。

2020 年黄河流域用水量按行政分区来看，各省用水量差异较为明显，河南、山东用水总量较多，分别占流域总用水量的 23%、22%，青海用水量最少、占 2.5%。从调查得知的黄河流域各省 2010 年至 2020 年用水情况中，可以看到，与 2010 年相比，除山东省用水总量变化较为平稳外，青海、甘肃、宁夏用水总量均有所减少，内蒙古、山西、陕西、河南均呈上升趋势。

2020 年黄河流域各省中内蒙古农业用水量最多，达到 139.6 亿立方米，工业用水、生活用水和生态用水最多的都是河南，分别达到 45.2 亿立方米、41.6 亿立方米、29.2 亿立方米。根据 2020 年黄河流域各省用水结构，可以发现黄河流域农业用水需求较大，每个省农业用水均占最大比重，且均超出 50%，生态用水占比最少，工业和生活用水相差不大。宁夏农业用水占比最大，生态用水和工业用水、生活用水需求都很小，河南农业用水占比最小，生活用水、生态用水和工业用水需求量较大。与 2010 年相比，由于产业结构优化及生产率提升，2020 年各个省份的用水结构均发生变化，除了宁夏和内蒙古农业用水增多之外，其他省份均有所减少，青海农业用水减少幅度最大，达到 18.40%；青海、甘肃、内蒙古和河南 2010 至 2020 年的工业用水量均呈现减少的趋势，其他四省份工业用水呈增加趋势，山西、内蒙古段矿产资源丰富、重工业发达，工业用水需求量大且造成了一定程度的水污染；除了甘肃和内蒙古 2010 至 2020 年生活用水减少，其他省份的生活用水均增加；2010 至 2020 年各个省份的生态用水需求均呈上升趋势。

（二）水资源利用方面存在的问题

第一，体制机制尚不完善，行业监管能力依然薄弱。水资源高效管理机制尚不完善，水资源对转变经济发展方式的倒逼机制尚未真正形成。依法保护、促进节约的水权水市场制度、水价形成机制尚未建立，市场在水资源配置中的作用尚难以充分发挥。水利融资能力不强，社会资本进入水利工程建设领域的积极性不高，水利建设面临着巨大的筹资压力。水利政策法规体系尚不完善，水行政执法专业力量不足，部门协同治水力度不足。水文水资源、水生态、水土流失、水工程监测能力和信息共享机制不完善，水利信息化基础设施还存在明显短板。

第二，水资源供给无法满足经济发展的需要。黄河流域人均水资源量仅为全国人均水资源量的27%，而水资源开发率高达80%。据统计，2010年黄河流域水资源总量达到2836亿立方米，2020年仅为2048亿立方米，占全国总量的9%，而黄河流域人口却高达33696.82万，大约占全国人口总数的1/4，因此，黄河流域水资源量不多却承载着较多的人口。同时，黄河流域中游及上游地区气候较干旱、降水量较少而蒸发量大，多年平均径流量为534.8亿立方米，且上中下游水资源分布不均。而近年来黄河流域经济发展速度不断增高，2020年GDP达到205363亿元，上游农业生产方式粗放、水资源利用率较低且浪费较多，随着中下游工业化增长加速用水也逐年增多。此外，黄河流域部分水资源还要向流域之外其他地区输送水资源进行远距离调水，加剧了黄河流域水资源承载压力。这十年来用水量在小范围内上下波动，2020年用水总量为1012亿立方米，同时黄河流域人口逐年增长及城市化的不断推进也意味着对水资源的需求将越来越大。伴随着生产生活加速水资源需求量增加、水资源量却在减少，黄河流域水资源供给与水资源需求之间的产生尖锐矛盾，水资源量逐渐无法满足经济社会发展的需要。

第三，与经济发展速度相比，水资源利用效率提高速度较慢，且地区差异过大。黄河流域经济逐年持续增长，虽然万元GDP用水量下降明显，但总用水量却上升了28亿立方米，且2010与2020年人均用水量未发生明显变化，这说明虽然近十年来黄河流域经济迅速发展，但水资源的利用水平未得到明显提升。农业用水与工业用水2010年至2013年增多、2014年之后减少，但下降趋势不明显，农业用水下降3.9%，工业用水下降10%，而第一产业占比从11%降到8%，第二产业从54%降到42%。这说明水资源用水结构的变化和经济发展结构的变化并不一致，与经济结构发展相比水资源利用率提高速度慢。黄河流域不同地区经济发展和用水程度并不一致，经济发展较低的地区水资源利用率较差，与经济发展快的地区相比人均用水量过多。上游地区主要以粗放式农业发展为主，用水需求明显大于下游且水资源利用水平较低，而黄河流域中游及下游由于资源禀赋优势工业发展较快，水资源利用水平相对较好，因此黄河流域上中下游地区水资源利用水平差异大。

第四，不同区域经济发展需水量不同，水资源配置不合理。黄河流域全域不同区域的经济发展空间差异明显且出现极化现象，用水需求也随之出现差异。上游以农业发展为主的地区经济发展相对较为落后，贫困地区较多，第二产业和第三产业发展缓慢，中下游地区以重工业为主，第二产业发展迅速，与上游传统农业区域的经济发展水平拉开差距。青海、甘肃水资源总量较多，宁夏、山西、河南、山东水资源量较少，2020年水资源总量行政区之间的差异最大达到947亿立方米，而用水总量最小的是青海，最多的是河南和山东。总体上，黄河流域河南与山东经济较为发达、工业占比较高，因此需水量较多，但水资源却稀缺，青海、甘肃地区经济较为落后，用水总量不高但水资源充沛。未来中下游地区经济社会进一步发展，需水量还会增加，以往的水资源配置情况将愈加阻碍经济社会发展。

第五，黄河流域生态补偿机制不健全。黄河流域作为我国重要的经济地带，对我国的发展起着至关重要的作用，但由于我国流域生态补偿机制起步比较晚，国家对于黄河流域生态补偿的重视不足，导致黄河流域生态补偿机制尚未形成，相关的法律法规不健全。所以目前黄河流域所实施的生态补偿政策为我国现行的政府纵向补偿、跨区域横向生态补偿和市场补偿三种方式，这三种方式虽然已实施多年，但随之也暴露出了一些问题，这不利于水资源的保护和利用。具体表现在以下几方面。

其一，政府纵向流域生态补偿与管理体制存在不足，具体表现如下。

①财政转移支付比重过高导致政府财政压力大。我国一般性支付主要依据各地财政收支差额，根据相关调查研究得知，如果忽视了事权等影响要素，很难反映流域主体的维护责任。专项支出往往通过单一生态项目来实施，不能全面覆盖流域，且补偿的数额远远无法满足建护的需要；流域的建护支出伴随环境的恶化逐日增加，国家一味地加大投入力度，难免有些盲目，预期效果往往出现偏离，反而容易出现金融漏洞，出现挪用资本的可能。一些地方的政企难以肩扛责任，只会索取，增加中央政府的负担，容易造成财政赤字。

②多头管理的行政管理体制影响生态补偿效果。在管理流域补偿的操作中，如果每个部门都具备介入其中的权力，各部借助中央拨款或者自己筹得的赞助，针对自我利益进行独立的管理规划，就失去了与其他部门的联系，不仅让效率低沉，效益也渐渐下滑。

其二，跨区域横向流域生态补偿制度缺失。法律条文规定政府在解决跨区域环境问题时，可通过同上级政府协调或同级政府之间协商的方式解决。这种方式虽然取得了一些实际成效，但效用不理想，究其原因如下。

①跨区域横向生态补偿制度总体处于缺失状态。首先，缺失约束上游的制度。在约束制度的建立初期，是运用在矿产资源的开发之中的，意为缴纳合理的担保资金，在矿区复垦验收达标后，相关部门退回保金，否则不然。这项制度已经在全国矿区开展推行，虽然尚未在流域中试点，但其十分契合流域的特点，为上游补偿款提供了来源补充，也监督了利用效率。其次，缺失上下游的交流制度。横向主体之间的交流在流域中尤为重要，但同一层面的各者之间存在发展的不对等，较为烦琐的跨部门制度也制约了信息的平行传递，忽略多体之间的影响作用，管委会没有充分发挥协调主体的作用，致使横向表达出现极大的破绽。最后，缺失权、责、利、三者平等的制度。日前在流域的补偿实操中，分配利益有失平衡，有些群体、地区承担了较小的风险和责任，但享用了较多的革新成就，有些地区则相反。因此，平衡利益的享用结构和再分配，制度也要适时改进。

②横向转移支付标准依据不科学。目前上下游之间的补偿形式主要是财政款项直接拨付给上游区域，虽然可以缓解上游城市因维护生态而放弃发展的短期停滞，但长此以往，上下两地之间的贫富两极会更加分化，而且流域上游多为中西部地带，经济发展本身就受到区位的限制，这种直接输血式的帮扶很难真正实现整体繁荣。问题出现在补偿金额的确定过程，由于前期面临繁杂的协商、谈判工作，难以综合考量上游的损失机会、下游的持续支付水平，很容易出现有失平衡的标准，往往最后是上级政府直接确定数额；具体在标准的测算时，通常是以断面的水质情况来判断，并未涉及污染量，显然这不科学。目前黄河流域尚未出现，仅有新安江、东江流域试行了这种对上游的直接补偿，而且暴露出补偿量匮乏的情况，不能很好地激励其他流域。

其三，流域生态补偿市场机制尚不完善，具体表现如下。

①水价制度和水资源费存在不足。我国水价主要指水利工程供水价格，包括供水生产成本、费用、利润和税金四部分。自实施以来，此水价已经很难承担水资源的真正价值，过低的水价给流域水环境施加了较大的压力，致使高效的节约机制难以为继。主要包括：一是用水成本过低造成我国水资源浪费现象，许多地区超量开采地下水源，以缓解地表水的资源不足，随之出现地面下陷的情况，黄河断流的现象也在愈发加剧；二是计价过程中只着重强调生产价值，并未将生态价值考虑其中，如上游的损失机会成本，这些并未纳入现行的水价中，主要由政府和社会承担此成本，受益者付费没有得以体现。水资源费是由水利部门进行征收，保障工作则是由环保等部门负责，现今的资费只是对使用权的征收，并没有囊括保护或后期修复的支出。而征费一部分补贴了财政，另一部分由水利部门管

47

理，缺少了专项保护流域的基金，资费的使用也尚未综合考量服务、治理，很难实现社会融资。

②水权制度未建立水资源交易市场机制。水权就是用水许可权，这是一种市场经济，它的出现直接促进水资管主体实现自身造血的能力。目前我国尚未出现成熟的水权体系，原因在于：相关法律规定水权是国家资源，但在市场机制中难以清晰划分政民之间的权责界限，行政、经营权不明确；政府并未给市场提供保障的制度，两者尚未达成和谐，这就让买卖两方只顾眼前的经济利益，而不考虑其他影响；政府将流域相关的建设、环保等权限交予相关管理，失去了主导地位，权力的分散势必会造成资源的不合理配置，各主体之间的监管、协商也会逐渐丧失，甚至出现职能交叉、空白的问题，加剧各部门之间的利益冲突，尤其是一些流域的管理权掌控在地方手中，难以实现统一。

第三章　黄河流域生态环境保护的法律制度保障

黄河流域生态环境保护与高质量发展的问题已经提到了国家高度重视的层面，黄河保护立法也提上了日程。目前，黄河流域生态环境问题严峻，推进依法治河、依法治域、依法治境，无疑是改善黄河流域生态的治本之策。本章分为我国环境保护法的基本原则、我国环境法的基本体系、生态环境保护法相关问题研究三个部分。

第一节　我国环境保护法的基本原则

一、保护优先原则

（一）保护优先原则的含义

保护优先不仅仅是生态文明建设的基本方针，更是环境保护法的基本原则和根本宗旨。保护优先就是要不断加大环境保护力度，转变发展理念，正确处理发展与保护的关系，把环保放在更加突出的位置。不仅要末端治理，还要源头控制；不仅要偿还旧账，还要不欠新账。以解决损害群众健康突出环境问题为重点，强化水、大气、土壤等污染防治，减少污染物排放，防范环境风险，明显改善环境质量。目前，中国环境污染问题突出，环境状况总体恶化趋势尚未得到根本扭转，环境资源对经济发展和民生改善的制约作用增强。因此，必须牢固树立保护环境的观念，切实把环境保护放在优先位置，增强全社会环境保护意识，彻底改变以牺牲环境、破坏资源为代价的粗放型增长模式，不以牺牲环境为代价去换取一时的经济增长，不跌入"先污染后治理"的陷阱，着力加强环境监管，健全生态环境保护责任追究制度和环境损害赔偿制度，严格实施主要污染物排放总量控制，强化污染物治理，全面推行清洁生产，推动环境质量不断改善。

（二）保护优先原则的地位

保护优先原则意味着环境保护相对于经济社会发展的优先，等同于环境保护优先或者环境优先。也就是说，坚持保护优先，并不是不要经济发展，而是为了"高质量"的发展，为了切实实现经济社会的可持续发展。只有真正贯彻落实好保护优先，才能真正加快发展方式转变。同时，谁先贯彻落实好保护优先，谁就能占据新一轮发展的制高点。因此，就法律地位而言，保护优先原则在连接环境保护法立法目的与制度设计中起核心作用，是预防为主、综合治理、公众参与和损害担责原则的上位原则，这些原则关系到保护优先原则的实现方式、途径以及最终可能的实现程度。可以说，保护优先原则是环境保护法基本原则中最为基础的准则。

（三）保护优先原则的实现

实现保护优先原则，关键在于正确认识环境保护与经济发展的关系，实现环境与发展的综合决策。将环境与发展对立起来或将它们看作两个相互独立的问题，并不能真正地解决已经出现的严重的环境问题，为保护环境而限制发展或者为发展而牺牲环境都可能引发更多更大的环境问题，也与现代环境保护的精神背道而驰。因此，只有在可持续发展观指导下，将环境与发展综合起来进行考量，才是贯彻实施保护优先原则唯一正确的选择。

所谓环境与发展综合决策，是指在决策过程中对环境、经济和社会发展进行统筹兼顾，综合平衡，科学抉择。也就是说，从决策开始就要在环境、经济、社会之间寻找最佳结合点，使三者尽可能协调、协同，实现经济发展、社会进步和环境改善。

（四）保护优先原则中保护行为的类型及基准

1. 保护行为的类型

（1）恢复质量的保护

该保护行为是针对在特定区域范围内，污染物的排放超过环境容量，导致该区域的环境质量低于相应标准，或者过度利用生态功能致使生态遭到破坏使其失去平衡，或者对可再生资源的利用破坏了其再生能力而采取的保护行为，以使相应区域范围内的环境质量恢复、生态回归平衡、可再生资源恢复其再生能力。《中华人民共和国环境保护法》（2014）规定了各级政府对于未达到相应环境质量标准的区域应当制定相应的限期达标规划，采取有效措施如期达标以恢复环境质量。

《生态建设意见》提出为了保护和修复生态系统，扩大森林、草原、湖泊、湿地面积，提高相关区域的植被覆盖率，实施相应的生态修复工程。为了加强地区发展与环境保护相协调，对于生态环境脆弱区及重要生态功能保护区实行限制开发，在坚持保护优先原则的条件下，合理选择并发展优势产业，确保恢复生态功能以恢复生态平衡。

（2）维持质量的保护

该保护行为是指在经济发展过程中，在污染物排放标准及污染物总量控制的范围内排放污染物，使污染物的排放符合特定区域环境的自净能力，或者在生态红线要求的范围内利用生态功能，以保持生态平衡，或者在不破坏可再生资源再生能力的范围内开发利用可再生资源，即在维持质量的情况下进行发展，其实质便是对环境资源进行的维持质量的保护。

（3）提升质量的保护

该保护行为是指在利用环境容量、资源及生态功能时，应当合理利用，高效利用，通过借鉴日本能源法领域的"领跑者"制度不断改进环境质量标准的相关要求，同时通过高效利用资源而从总体上减少资源利用量，以提高生态环境质量。比如，通过优化产业结构及空间开发结构，合理利用国土空间，减少国土空间的开发强度，从而增加生态空间；另外，通过实施循环经济计划，使废弃物资源化、增加其再利用的可能性。可以说，对于提高资源的利用率，一方面是减少资源的使用量，从另一个角度来说也是增加了资源存量。

（4）合理利用的保护

合理利用的保护行为其实是贯穿于所有保护行为当中的，这里仅指对不可再生资源进行的合理利用的保护，通过合理利用，提高不可再生资源的利用率，这就好比欧洲将能源效率认为是能源资源一样，从另一个角度增加了资源存量。如在开发利用自然资源时，应当以最少的资源消耗去满足人类经济社会发展的需要，维护生物资源的多样性和非生物资源的种类及数量。对资源进行分类分级管理，强化以总体利用规划及年度利用计划的方式进行管控，推进资源的合理利用。

（5）禁止利用的保护

该保护行为通常是为了恢复特定环境的自净功能，保持资源存量，或通过休养生息恢复生态功能，或因保护特定区域的特定价值或特定功能，以禁止利用的方式对特定区域内的环境资源进行保护。比如，对特定自然生态系统区域或特殊保护价值的区域禁止开发，依法对其进行保护，包括特定野生动植物所在区、水源涵养区、重要地质构造区等自然遗迹等。在特定禁猎（渔）区、禁猎（渔）期内，禁止猎捕特定野生动物或渔获物的活动。禁止猎捕、杀害国家重点保护的陆生及水生野生动物。

2. 保护行为的基准

（1）环境质量标准

环境质量标准就是为了保护自然环境、人体健康与社会物质财富，限制环境中的有害物质和因素所做的控制规定。不同的区域根据不同的使用功能及保护目标有不同的环境质量标准，比如，有《环境空气质量标准》《海水水质标准》《地面水环境质量标准》《土壤环境质量标准》等。前述恢复质量的保护、维持质量的保护以及提升质量的保护均以环境质量标准为基准，在此基础上进行恢复、维持及提升。环境质量标准也是制定污染物排放标准及污染物总量控制的基础，在达标排放及在污染物总量控制的范围内进行排放，符合特定环境的承载力及当前的环境质量标准。在此基础上，可以鼓励各排污单位进行技术改造、产业升级、提高资源利用效率，减少污染物的排放，并且在排污领域通过适用"领跑者"制度，提高污染物排放标准，以此提升特定区域的环境质量标准，逐步实现改善环境质量的目标。同时，环境质量标准也是政绩考核的标准，通过不断地提升区域环境质量标准来对政府负责人进行考核评价。

（2）资源利用上限

人类的生存和发展离不开对自然资源的开发和利用，除部分可再生资源外，大部分为不可再生资源，因此，对这部分自然资源的保护，只能采取合理利用、高效利用的措施，通过技术改进、产业提升等方式提高单位资源的利用率，获取更多的利益。对于自然资源的保护，应当在分别明确各类资源总存量的基础上，通过合理的规划、计划明确自然资源利用上限，对自然资源进行合理的开发利用。利用科技手段明确当前我国各类自然资源的总存量后，对自然资源进行确权，明确相关监管者的监管责任，对各类资源的开发利用通过编制总体规划及年度计划进行管控，同时设置资源消耗的"天花板"制度，对资源的消耗进行上限限制，自然资源利用的上限限制就是对自然资源进行保护的基准，当某种资源的利用大于所设定的消耗上限限制时，就没有起到对自然资源进行保护的效果。另外，可以通过编制自然资源资产负债表，对政府责任人进行考核，限制公权力，使政府的决策充分考虑自然资源的合理利用，最终使自然资源利用的效益最大化。

（3）生态保护红线

《中华人民共和国环境保护法》确定了生态保护红线制度，它是指为了保护生态平衡，依据特定区域的特点、功能、目标等，依法确定相关重点生态功能区域、生态环境敏感区域和脆弱区域等区域界限，实施不同的开发利用行为和禁止利用的保护行为，这是国家和区域生态安全的底线。在利用特定区域的生态功能时，应当坚持保护优先原则，同时以生态保护红线为基准对特定区域实行相应的保护行为，以恢复、维持和提升该特定区域的生态质量，对于某些特定区域以及具有特殊保护价值的区域实行禁止开发的保护行为。

二、预防为主原则

（一）预防为主原则的含义

预防为主原则的基本要求是积极预防环境污染和破坏，即运用已有的知识和经验，对开发和利用环境行为可能带来的环境危害事前采取措施以避免危害的产生。同时，在不确定的条件下，应当谨慎采取行动以避免环境风险。

中国一直都将"预防为主、防治结合"作为环境保护法的基本原则。预防为主意味着"将环境保护的重点放在事前防止环境污染和自然破坏上，同时也要积极治理和恢复现有的环境污染和自然破坏，以保护生态系统的安全和人类的健康及其财产"。在某种意义上说，"预防"是环境保护法律及其制度所具有的最大特点所在。

目前，备受国际社会关注的臭氧层破坏、全球变暖、生物多样性减少等现代环境问题不同于传统环境问题的一个重要特征，就是存在太多科学上不能确定的因素，这是人类科学认识的局限。在这种情况下，如果仍然持观望和等待的态度，直到科学能确切地证明环境危害的因果关系后才采取措施，恐怕就于事无补了。在这里，最为关键的其实不是采取预防措施的必要性，而是采取预防措施的时间。因此，即使没有充分的科学证据，只要有造成严重或不可逆转环境损害的威胁存在，就必须采取防范措施。毕竟，在面对环境问题和环境危险时，安全比后悔要好。因此，有必要将预防为主原则的内涵加以拓展，在预防现实、确定的环境风险的同时，更注重对未来可能的环境风险的防范。

2014年修订的《中华人民共和国环境保护法》已经在一定程度上体现了风险预防的理念。该法中首次出现了"风险"这一概念，确立了国家针对环境与健康问题的风险预防义务，是中国环境立法的一大进步，是中国环境保护法确立风险预防原则的良好开端。

（二）预防为主原则的实现

1. 全面规划和合理布局

规划是有效实现预防的根本和前提。全面规划就是对工业和农业、城市和乡村、生产和生活、经济发展和环境保护等各方面的关系进行通盘考虑，根据生态空间的自然资源承载能力确定发展规模和速度，进而制定国土利用规划、区域规划、城市规划与环境规划，使得各项事业得以协调发展并且不破坏生态平衡。合理的工业布局应注意以下几点。

①适当利用自然环境的自净能力。

②加强资源和能源的综合利用。

③大型项目的分布与选址，尽可能减少对周围环境的不良影响。

④严禁将污染型工业建在居民稠密区、城市上风向、水源保护区、名胜古迹和风景游览区、自然保护区。

2014年《中华人民共和国环境保护法》对此进行了专门规定。根据该法规定，县级以上人民政府应当将环境保护工作纳入国民经济和社会发展规划。国务院环境保护主管部门会同有关部门，根据国民经济和社会发展规划编制国家环境保护规划，报国务院批准并公布实施。县级以上地方人民政府环境保护主管部门会同有关部门，根据国家环境保护规划的要求，编制本行政区域的环境保护规划，报同级人民政府批准并公布实施。环境保护规划的内容应当包括生态保护和污染防治的目标、任务、保障措施等，并与主体功能区规划、土地利用总体规划和城乡规划等相衔接。这为预防为主原则的实现提供了基础性保障。

2. 建立健全预防性的环境保护法律制度

制定和实施具有预防性的环境资源管理制度和法律制度，强化环境资源的监督管理，加强环境监测，严格控制新的环境资源污染和破坏的出现，对已经造成的环境资源的污染和破坏要积极进行治理。有害物质的排放必须遵守国家和地方规定的标准，严禁超标排放。进一步加强城市和农村的环境综合整治。进一步健全和改进环境影响评价制度、排污申报登记制度、排污许可证制度、现场检查制度、限期治理制度、建设项目环境管理制度、污染物总量控制制度、污染集中治理制度、综合利用制度等各种防治环境污染和环境破坏的法律法规和管理制度。

3. 加强环境科学技术研究，提高环境科学技术水平

现代环境问题的解决，特别是环境污染的预防与治理，在根本上取决于环境

科学技术水平。中国目前的环境污染和环境破坏比较严重。但由于各种原因，特别是环境科学技术水平的限制，所采取的预防和治理措施并没有取得预想的效果。因此，为了达到预防和治理环境污染与保护环境和资源的目的，必须大力加强环境科学技术的研究，提高环境科学技术水平。同时，要密切关注国际上有关的先进技术信息和经验，及时、积极地给予采纳。

三、公众参与原则

（一）公众参与原则的含义

公众参与原则是指社会公众在环境管理及其相关事务中进行参与和决策的资格与必要性，并据此享有和承担法律上的权利与义务。此原则已被大多数国家的环境保护法律所承认，也是我国环境立法的基本原则之一。

环境要素同时也是自然资源的组成部分。由于市场机制的引入，由自由竞争必然导致社会主体形成强弱力量的差别，在争夺自然资源时，市场的强势力量占据较多的资源，同时又可以依据其强势地位在利益诉求等方面压制弱势力量群体利益的表达，导致弱势群体处于更加不利的地位。但是，人类活动对于环境要素的影响往往体现在弱势群体的诉求中，因此有必要由公权力的持有者——政府出面，矫正这种市场机制导致的失衡。

法的效力源于社会意志和社会公共力量，民主作为维护法律正当性、有效性的主要手段与标准，从一定角度来说就是公民参与到社会生活中的一种状态。法律作为平衡利益的工具，需要依赖民主也就是公众参与达到一定程度来形成正确的决策，从这一角度说，公众参与机制的完备程度也从侧面反映了法律的完备与成熟程度。在环境法领域，对于如何给环境下一个准确的定义至今仍是学术界的难题，即便如此，关于环境是关系到每个公民生存利益的一项重要因素方面却不存在争议。环境问题关涉到每个人的生存，其产生的根源在于人类对经济利益的追求与对生活质量的追求产生了无法调和的矛盾，舍弃任何一方，都会对人类的生活产生致命的冲击。公众作为环境问题的直接承受者、环境行为的参与者，理应有权利去获取环境信息、参与环境法律的决策、表达其环境诉求，同时这些权利也应得到在法律范围内的主张渠道，因此环境法比其他法律更需要公众参与，而且这种参与应该渗透到环境法律机制的各个环节中去。

随着环境问题的不断涌现以及在此推动下环境法理论的不断发展，公众参与制度越来越得到全世界的关注与认同。1992 年在里约举行的世界环境与发展大会上通过的《里约宣言》首次在国际环境法上确认了公众参与原则，1998 年 6 月 25 日欧洲经济委员会通过的《奥胡斯公约》对公众参与环境保护做出了具体的规定，从而完善了对公众参与原则的法律规定。世界上大多数国家如美国、欧盟成员国国家等也在各国国内的法律中对其予以规定。

我国于 20 世纪 90 年代引入环境保护公众参与原则，1991 年我国实施的由亚洲开发银行提供资助的环境影响评价培训项目，在环境影响评价报告中首次提出了公众参与问题。同时也在《中华人民共和国宪法》（以下简称《宪法》）、《中华人民共和国环境保护法》《中华人民共和国环境影响评价法》《环境信息公开办法》等法律法规中对此原则做了规定。

（二）公众参与原则的实现

公众参与原则的有效实现，需要从建立完善的保障公众参与的制度入手。现实生活中，公众参与有两种形式：制度内参与和制度外参与。前者指陈情、请愿、听证、提意见等；后者指静坐、抗议及各种暴力行为等。从根本上说，需要将公民制度外参与引导至制度内参与，对公众的行为进行因势利导，赋予公众参与政府环境决策的权利。广泛而有效的公众参与是推动环境保护与可持续发展的根本力量与核心着力点，其不仅可以构成对环境违法以及环境执法中"权力寻租"的遏制性力量，也是促进环境决策合理化、科学化的建设性力量。具体而言，要在实践中贯彻、落实公众参与，以下的几个方面是不可或缺的。

1. 确立公众参与的权利基础

通过宪法和环境保护基本法确立公民环境权，是实现民主和公众参与的具有决定性的因素。从法律的相关条款来看，公民所享有的环境权，包括公民在有关环境事务方面的知情权（了解获取环境信息的权利）以及参与环境事务的讨论权、建议权等具体权利。

2. 制定公众参与的专门法律

在宪法和环境基本法确立公民环境权的基础上，还应该有专门的法律或法规规定公众参与，以使公众参与原则具体化。专门立法至少应做到：①充分保障公民的知情权。依据环境保护法的规定，各级政府和相关企业应当定期向公众发布环境信息，保证公众环境知情权的实现。②建立公众参与决策制度。政府对某一环境资源问题或事务在做出决定或制定规章前，应主动向公众征求意见，听取公众的意见作为决策的参考，同时鼓励和保障公众对环境资源问题或事务自由发表意见。③推动、完善公众参与环境影响评价等环境管理活动。公众参与已成为环境影响评价制度的一个重要环节和特点。各国在这方面都有许多成功经验，中国应充分借鉴。

3. 扩大和保障环境诉讼机制

环境诉讼是公众参与环境管理的重要方式，特别是当政府机关不履行环境立法规定的职责或从事违法行政行为时，提起诉讼往往比批评、建议、申诉、抗议等更为有力。实践表明，政府环境管理部门及其工作人员可能因屈从于某种压力、诱惑、私利或偏见而实施不当、违法的行为，这时如果没有公众以第三者的名义加以抵制，违法行为难以制止。同时，2014 年修订通过的《中华人民共和国环境保护法》所确立的环境公益诉讼制度应得到进一步加强，这不仅是对环境公益的维护，更是公众参与原则在司法领域的体现，从司法的角度保证公众参与原则的贯彻与实施。

4. 促进、发展民间环境保护社会团体

把公众组织起来，成立民间环境保护团体，开展环境保护宣传、学术交流、环境保护科技成果推广等活动，将有效地提高全民族的环境意识，并为政府在决策方面提供参考意见。目前，许多国家的法律都规定公民有权依法成立旨在保护环境的社会团体，其实践已经证明，民间环境保护团体可以在保护环境资源、促使环境问题的解决、监督政府依法行政等方面发挥不可替代的积极作用。因此，推动、发展民间环境保护社会团体，是实现公众参与原则的组织保证和社会基础。

5. 完善程序保障机制

公众参与的真正目的是建立一种程序性机制，以确保国家的环境政策、环境目标与公众参与结合起来，共同注入政府所采取的行动中去。只有在公平合理的法律程序中，那些利益受到程序结果直接影响的人才能得到基本的公正对待。只有将法律程序本身的正当性、合理性视为与实体结果的公正性具有同等重要意义的价值，才能在法律实施过程中符合正义的基本诉求。在一定意义上，程序的平等性就是参与的平等性。因此，只有让公众充分参与到政府决策程序，才能真正实现公众参与；也只有让公众享有充分的决策权，才能增加公众对于政府决策的认知和接受程度，使政府的权威得到加强。

（三）实行公众参与原则的意义

公众参与原则作为公众参与民主政治生活的一部分，对及时发现环境法律运行过程中出现的问题、政府制定科学民主效率的决策、公众对环境的维护、缓解社会矛盾均有十分重要的意义。

1. 有利于及时发现环境法律运行过程中出现的问题

法律颁布后，无论最初的理论设计是多么无懈可击，在实际的运作中都会出现各种问题。拿破仑制定的《法国民法典》就是这方面典型的例证。环境问题最特别之处就在于其涉及领域的广泛性、影响的深远性、技术的复杂性，对其确认的要求程度常常会挑战我们人类所能达到的极限。从这一角度看，制定环境法律、规范环境行为的难度要远远超过其他法律，在运行中出现问题的可能性也远远高于其他法律，同时其他的法律与政策也可能对其产生重大影响，然而由于环境问题涉及人类群体的生存安全，其后果十分严重，这就要求及时反馈环境法律中出现的问题，这样才能避免出现更严重的情况。

公众作为环境问题的直接承受者，也是环境法律瑕疵的最终承担者，他们也许不是最早发现问题的人，但却能最直观地体会到存在的问题，因为该问题涉及其自身生存的重大利益，公众会站在环境的立场而非经济利益主体立场考虑问题，也就成为最有需求与动力反映该问题的群体，正是这种需求与动力的及时反映才能促使环境法律的问题得到及时的解决。

2. 有利于政府制定科学民主效率的环境决策

效率原则是行政部门工作的首要原则，在经济学上，美国著名经济学家曼昆（Mankiw）认为："效率是资源配置使所有社会成员得到的总剩余最大化的性质。"法学上的效率是指法律的制定、实施成本与其所能实现的结果之间的比例，以及法律对整个社会资源配置所能达到的效果。因此，我们要求政府实现的效率就是要在最短的时间内，运用有限的资源做出最有利的决策，所以效率本身就包含科学民主的意思，做出科学民主的决策与效率原则本身并不存在冲突。

科学民主需要时间与资源来决定其科学民主性，但决策制定环节的复杂性，又会延误政府对事件做出及时反应的时间，这又是不科学的，因此在确定公众参与在政府制定决策中的应用时，要考虑到平衡性的问题。做出科学民主决策要求政府广开言路，听取多方面的意见，这多方面意见的来源不能全部来自政府自身，而是应该来自社会的各个角落，以此开拓政府决策制定者的视野，但同时又不应制造出庞大复杂的机构与程序，这样会不利于政府的效率性要求。

在环境保护公众参与较弱的情况下，政府耗费大量人力、物力收集的环境信息，有的直接来自公众本身，而公众只是被动地提供；若强化环境保护公众参与，而由公众主动承担起提供环境信息的责任,政府的运行成本无疑会大幅度的降低。随着公众参与环境意识的增强,环境信息无论从数量上还是质量上所取得的效果,都是弱化环境保护公众参与时无法比拟的,这样政府决策的质量会大大提升,因此环境保护公众参与有利于政府制定科学民主效率的环境决策。

3. 有利于公众行使环境保护权利

工业革命以来,随着人类认识的深化,对自然的改造有了质的飞跃,但同时也对环境产生了巨大的破坏作用。进入 20 世纪以来,特别是 20 世纪后半叶,人类开始反思这种掠夺性的发展对于人类究竟会产生怎样的影响,并于 1980 年,在国际自然与资源保护联盟发布的文件《世界自然保护战略》中首先提出"可持续发展"的概念,并于同年在联合国大会上开始使用。可持续发展概念的提出丰富了环境保护的意义,环境保护不再仅仅面向人类对环境已经造成的损害,而是将环境与人类的未来紧密地联系到一起,同时也深化了环境保护法律的内涵,使可持续发展成为环境保护法律应达到的法律目标。然而可持续发展的理念仅仅在国家管理层面上运作是不可能达到该理念的目标的,此时要求提高人类的基本组成单位——个人对环境自觉给予关注的程度,唯有公众的广泛重视与参与才能真正地向着该理念迈进,而公民关注环境保护的角度往往就是环境权利的实现与环境义务的履行,因此对环境保护公众参与原则的制度化是促进公众自觉关注环境的最有效方法,同时可以对环境给予最有利的保护。

4. 有利于缓解社会矛盾

从法律的社会作用角度来说,一种法律是否有效取决于其是否给予各种利益主体以体制内表达、宣泄的渠道。如果没有成功地构建这种渠道,各种利益主体则会选择可能危害社会稳定的体制外方式,激化社会矛盾。环境问题的产生经常涉及不同的利益主体,特别是环境管制方面,常常会导致不同利益主体矛盾的激化。此时最好的解决方案就是依赖于民主,将各种利益主体的诉求加以整合,得出最能体现公正、公平的结论。

在环境法领域中的民主观念并不是指以投票方式解决所有问题,而是给受影响的主体提供参与决策的途径,使得矛盾得以调和,改善政府的决策品质,将体制外的"民众自力救济"转化为体制下的权利诉求,即公民以一种更合理的方式保护自己的私权、社会权以及公民权。

从以上的角度来说,公众参与更多的是起到一种桥梁作用,使法律成为开放性的法律,促进了环境管制主体与公众以及公众之间的沟通,这样不仅有利于培养公众主动的环境意识而非被动的受管制主体的意识，也有利于不同利益主体进行换位思考，从而缓解社会矛盾。

四、综合治理原则

（一）综合治理原则的含义

综合治理原则主要通过环境治理制度实现，即对于已有的环境污染和破坏要予以积极治理，并注意运用各种手段进行综合整治，针对区域性环境污染和破坏采取重新规划、限制排污、清除污染、恢复生态等各种措施以改善环境质量。

《中华人民共和国环境保护法》第5条所规定的"预防为主、综合治理"是一项统一的环境保护法基本原则。需要注意的是，"预防为主"和"综合治理"两者尽管具有内在联系，但还是应当进行一定的区分。预防为主、采取事先防范措施固然是应对环境污染和破坏的理想方式，但从目前的环境问题现状来看，仅有预防远远不够，还必须在治理上下功夫：一方面，环境污染和破坏已经十分严重，而且在局部地区有些环境要素方面还有继续发展的趋势，即便现在采取治理措施，也可能还会在高污染区域持续相当长时期；另一方面，预防措施毕竟是对未来的预测，由于人类理性的有限性和科学技术的局限性，总有失效的可能，对于预防措施的失败，也必须及时采取治理措施加以补救。因此，不能忽视环境治理。在预防新的环境污染和破坏的同时，根据既成环境污染和破坏的具体情况及自然规律，改变单纯治理的思路，采取综合整治措施，从预防和治理两个方面发力才能更好地解决环境问题，实现环境公共利益。

（二）综合治理原则的实现

1. 建立严格的环境保护责任制度

这是贯彻综合治理的基础和前提。环境保护责任制度以环境保护法律规定为依据，把环境保护工作纳入计划，以责任制为核心，以签订合同的形式，规定企业在环境保护方面的具体权利和义务的法律责任。

这一制度包括排污者的环境污染防范义务、排污单位负责人的责任、重点排污单位的环境污染监测义务、严禁逃避监管的行为、缴纳排污费五个方面的内容。其具体包括以下几个方面。

①向环境中排放污染物的企业事业单位，以及个体工商户等其他生产经营者，应当提前或者及时采取有效的措施，防治生产建设或者其他活动中产生的废气、

废水、废渣、医疗废物、粉尘、恶臭气体、光辐射、放射性物质以及噪声、震动、电磁辐射造成的环境污染。

②向环境中排放污染物的企业事业单位，要将环境保护纳入单位发展计划，制定明确的环境保护任务和指标，明确单位环境保护负责人和相关人员，明确排污单位的权利和义务、负责人的权利和义务，落实到生产管理、技术管理等各个方面和环节，并建立考核和奖惩制度。

③列入重点排污名录的单位向环境中排放污染物，必须安装符合规定和监测规范的监测设备，并应该确保监测设备能够正常工作，监测所获得的原始监测数据要妥善保存以备查。

④ 严禁通过暗管、渗井、渗坑、灌注或者篡改、伪造监测数据，或者不正常运行防治污染设施等逃避监管的方式违法排放污染物。禁止排污单位通过上述行为将排放的污染物排放到地下水体、地表水体，或者将污染物掩埋、深埋到地下，或者篡改、伪造排污数据等以逃避排污责任。

⑤排放污染物的企业事业单位和其他生产经营者应当按照国家有关规定缴纳排污费。征收的超标准排污费必须用于污染的防治，不得挪作他用。

2. 保障、促进科学技术的研究、开发与应用

这是贯彻综合治理的技术基础。科学技术是解决环境问题的关键因素，发展环境保护科学技术是保护环境必须依赖的途径。科学技术的发展要依靠社会的力量，科学的制度设计可以推进科技发展和进步，目前专利等法律制度即发挥这方面的作用。由于环境保护目标的公共性，在环境保护科学技术领域仅依靠一般的科技法律制度不足以达到提高环境保护科学技术水平的目标，进而需要国家的特别政策支持，这也是多数国家支持环境保护工作的通行做法。因此，《中华人民共和国环境保护法》第7条专门规定："国家支持环境保护科学技术研究、开发和应用，鼓励环境保护产业发展，促进环境保护信息化建设，提高环境保护科学技术水平。"这一规定确立了环境保护科技发展的国家支持制度，明确了提高环境保护科学技术水平的总目标以及实现这一目标的途径和措施，为深入贯彻实施综合治理原则提供了科技支撑。

3. 政府财政支持制度

这是贯彻综合治理的保障。环境保护作为一项公共事业，除了通过追究开发者、污染者的责任，要求消费者承担环境保护义务来推进之外，仍需要政府做大量工作，依法完善环境保护制度规范、出台和实施环境保护政策措施都是政府应

当履行的职责。投入财政资金、推进环境保护工作是政府履行环境保护职责的直接途径，法定的环境整治义务、环境质量改善义务以及建立和管理自然保护区、管理和养护特殊生态区域等都是政府履行环境保护职责的具体方式，也都需要财政资金的投入。财政支持制度具体分为以下两个层次。

首先是通过法律明确各级人民政府加大环境保护财政投入的义务，投入的范围包括各类污染治理工程和计划、重点区域的环境整治、特定区域的生态恢复、环境保护的经费补贴等。

其次是政府要对财政资金的使用效益负责，要采取各种措施保证财政投入的环境治理效果，以获取最大的环境收益，避免低效投资和浪费。效益主要体现为环境整治效果、环境质量改善、生态环境恢复、环境损害减少等方面。

4.经济激励制度

这是贯彻实施综合治理原则的重要保障。经济刺激是利用市场机制、激发环境保护主体内在动力的方法，尽管其中政府的调控和干预色彩依然很重但已不再仰仗直接的命令和控制模式，转而采用间接的刺激和诱导。这样，可以在一定程度上改变"企业污染—政府买单"的被动局面，发挥企业、社会参与环境保护的积极性、主动性。当前，在很多国家，特别是在发展中国家，命令控制型环境政策仍然是环境管理的主要手段，但是命令控制型政策需要庞大的执行队伍和高额的执行成本。为降低环境政策的执行成本，同时获得理想的环境效果，许多国家在环境管理实践中，更加注重运用以市场为基础的经济手段，形成了一系列有利于环境保护的经济政策和手段，也取得了良好的效果。

五、损害担责原则

（一）损害担责原则概述

环境损害是指由人为活动导致的人类与其他物种赖以生存的环境受到损害与不良影响的一种事实。环境损害包括环境污染和生态破坏。损害者要为其造成的损害承担责任。

在《中华人民共和国环境保护法》修改以前，学者们对该原则的表述是不统一的。有的学者将其命名为"环境责任"原则，有的称其为"污染者付费，受益者补偿"原则，有的称其为"污染者付费，利用者补偿，开发者保护，破坏者恢复"原则，还有的称其为"主体责任"原则。但不管名称和具体内容有何区别，学者们还是有一个共识，即环境具有公共物品的属性，在消费中既无排他性又无竞争性。环境公共物品的属性决定了其具有外部性的特征，每一个主体对环境的保护和改善都会对所有的人有利，其他人都可以无偿地享受这种利益；但是每一个主体对环境的污染与破坏都会由社会全体成员共同承担危害后果。基于理性，每个人都尽可能地利用环境资源而忽视了环境保护，最终产生"公地的悲剧"。为了消除环境的外部不经济性，必须做到权利与责任的统一，因此，污染环境与破坏环境的主体必须承担相应的责任。如果经济利益的获得是以环境资源的损害为代价的，那么环境资源的成本就应当由造成环境资源损害的主体承担，这样才符合公平的理念。

从国外的发展来看，在相当长的一段时间，只要造成环境问题的当事人没有对具体的人及财产造成直接损害就不需要承担任何责任，环境的损害由政府出资进行治理，而政府出资来自财政，这实际上是将个别人破坏环境的行为所带来的损失转嫁到全体纳税人的头上，无疑是不公平的。1972 年世界经济合作与发展组织提出了"污染者负担"原则，很快得到了国际社会的认可，各国也纷纷在自己的法律中规定了这项原则。在我国，1990 年颁布的《国务院关于进一步加强环境保护工作的决定》提出"谁开发谁保护、谁破坏谁恢复、谁利用谁补偿"。新修订的《中华人民共和国环境保护法》明确规定"损害担责"原则，进一步强调了环境资源的利用者如若造成环境损害（包括环境污染与生态破坏），就应该承担恢复治理、恢复原状等相应的费用。该原则有助于市场主体提高治理污染的责任感和紧迫感，促使其在生产过程中加强环境管理，推动技术改造和资源综合利用，消除污染，达到促使行为人减少环境污染的目的。同时损害担责原则强调了责任主体的广泛性，我们每个人既是环境问题的受害者，在某种程度上也是环境问题的制造者，只要对环境造成了损害，就应当承担相应的法律责任。

（二）损害担责原则的内容

尽管"污染者负担原则"明确了环境污染者所承担的环境责任，但其未将生态破坏者的责任承担问题纳入，因而不够全面。同时，"污染者负担原则"也无法解决污染者无法确定时的治理费用承担问题。因此，根据可持续发展的要求，应在"污染者负担原则"的基础上，进一步实现环境责任的公平承担。《中华人民共和国环境保护法》确立了损害担责原则，具体包括以下内容。

1.污染者负担

污染者负担是指对环境造成污染的单位或个人必须按照法律的规定，采取有效措施对污染源和被污染的环境进行治理，并赔偿或补偿因此而造成的损失。"污染者负担"与民法中"欠债还钱"、刑法中"杀人偿命"等朴素的法律观念一样，主要追究肇事者的责任，即谁污染了环境谁就应当承担赔偿责任。空气、河流、海洋和土地等环境要素并非属于某些私人或组织的财产，而是关系到全体社会成员福利的公共财产，这些公共财产被少数人的生产行为所侵害，使得环境污染和破坏日益严重。从经济学的角度来看，生产经营活动所造成的污染属于经营成本，倘若经营者不承担这种成本而由国家和社会用全体纳税人缴纳的税款来负担，那么受害的全体社会成员承担了少数企业对环境的损害后果，无疑是损公肥私，严重违背了法律的公平精神。污染者负担主要对已经发生的污染起作用，属于事后消极补偿。

另外，在造成污染的多种因素中，可能出现单一的排污行为在中国现阶段大多是合法的，很难确定到底谁是污染者的情形。为此，就那些对某一污染负有共同危险责任的行为人，不论其主观上是否有过错，也不论各行为人之间有无意思联络，只要与侵害的发生有直接和间接的因果关系，各行为人就应当共同承担赔偿责任或合理负担治理费用。

同时，污染者负担作为国家保护环境的一种手段，还通过征收排污费或环境保护税等形式促使行为人减少环境污染。

2. 开发者养护

开发者养护是指开发利用环境资源者，不仅有依法开发自然资源的权利，同时还负有保护环境资源的义务。这一原则体现了"开发利用与保护增殖并重"的方针：对于可更新资源，应当在不断增殖其再生能力的前提下持续使用；对于不可更新资源，应当节约利用、综合利用。开发利用环境资源的单位和个人不仅有开发利用的权利，还负有养护的义务。在中国目前的环境现状下，人均资源占有量很低，而且自然环境的破坏十分严重，在法律上明确科学开发利用自然资源、抑制生态破坏具有重要意义，同时还可以促进自然资源的节约使用和合理利用，提高经济效益和环境效益。在开发利用自然资源时应采取积极措施，养护、更新、增殖、节约和综合利用自然资源；在具有代表性的各种类型的自然生态系统区域内建立自然保护区，保护区内不得建设污染和破坏环境的设施，不得贬损整体环境在精神上的美观舒适愉悦度；对已经受到污染和破坏的环境进行恢复和整治。例如，《中华人民共和国渔业法》针对渔业资源的增殖和保护做出了专门规定。

3.受益者补偿

受益者补偿主要包含两个方面的内容：第一，针对以环境资源的利用而营利的单位或个人，即利用环境资源的单位或个人必须承担经济补偿责任。第二，针对使用、消耗自然资源或对环境有污染作用的产品的消费者，他们的消费活动如果消耗自然资源或对环境有污染作用，也必须承担经济补偿责任。

须注意的是，随着环境保护的概念从污染防治扩大到自然保护和物质消费领域，利用、消耗环境资源的主体范围不断拓展，环节也不断增加。从实际支付费用的主体来看，从原材料的加工、生产到流通、消费、废弃以及再生等各个环节都存在分担费用的现象。因此，只要是从环境或资源的开发、利用过程中获得实际利益者，都应当就环境和自然资源价值的减少付出应有的补偿费用。环境保护中的利用与补偿虽是一种财产关系，但不能等同于普通的民事买卖关系。补偿不仅是对已利用的资源要有金钱上的对价，而且更重要的是利用者应对其已利用的环境资源可再生或开发替代所应付出的劳动予以补偿，对所耗用的自然资源、占用的环境容量和恢复生态平衡予以补偿。

4.破坏者恢复

破坏者恢复，亦称"谁破坏，谁恢复"，指造成生态环境和资源破坏的单位和个人必须承担将受到破坏的环境资源予以恢复和整治的法律责任。在环境保护单行法中，这一原则也有充分的体现。例如，《中华人民共和国海岛保护法》第25条第2款规定："进行工程建设造成生态破坏的，应当负责修复；无力修复的，由县级以上人民政府责令停止建设，并可以指定有关部门组织修复，修复费用由造成生态破坏的单位、个人承担。"《中华人民共和国草原法》等法律法规中有关破坏者恢复的规定都是这项原则的具体表现。

值得注意的是，2015年12月，中共中央办公厅、国务院办公厅印发《生态环境损害赔偿制度改革试点方案》，要求各地区各部门通过试点逐步明确生态环境损害赔偿范围、责任主体、索赔主体和损害赔偿解决途径等，形成相应的鉴定评估管理与技术体系、资金保障及运行机制，探索建立生态环境损害的修复和赔偿制度，加快推进生态文明建设。这为损害担责原则的具体落实与发展提供了新的机遇。

第二节　我国环境法的基本体系

一、环境法体系的含义

规范只能在属于一个规范体系、属于一个就其整个来说是有实效的秩序条件下，才被认为是有效力的。

法的体系是指由一个国家的全部现行法律规范分类组合为不同的法律部门而形成的有机联系的统一整体。

环境法体系是指现行的环境法律、法规和行政规章之间依据一定的标准、原则、功能、层次所组成的相互配合、相互补充、相互协调和相互制约的具有"外接内设"功能的整体规则系统。"外接内设"的特点决定了环境法的体系是一个既开放又内部协调一致的结构，即环境法体系的内部相互配合、相互补充、相互协调和相互制约机制决定了环境法与其他部门法之间在确认与鼓励、刺激与保护、限制、禁止与违禁制裁等调整机制方面是相互衔接、相互支持、相互阐释或说明的。

二、环境法体系的框架

目前，世界典型的环境法体系主要有四类：一是以美国为代表的基本法模式，即以《美国国家环境政策法》为核心，以《清洁空气法》《清洁水法》等单行环境法律为主干，以其他相关的成文法和判例、习惯法为补充的法律框架体系。二是以英国为代表的整合模式，即把性质相同或相关的已有环境立法归集到一个高层次的法律名称之中，如 1974 年归集而成的《污染管制法》和 1995 年整合而成的《环境法》。三是以法国为代表的复合法模式，即无专门或统一的环境法典，法国甚至没有一个环境保护基本法，发挥作用的是环境行政管理组织、自然保护和同公害做斗争三大类的单行法律、法令用。四是以日本为代表的法典化模式，即以《环境基本法》为统帅，以《环境影响评价法》和大气、水、内海、噪声、震动、恶臭、农用土壤、工业用水、毒品及剧毒品污染的防治或控制及纠纷处理等单行法为基干所形成的配合、协调一致的法典体系。总的来说，一个国家采取什么样的环境法体系框架，一般是与该国的法律传统、环境问题的特点、现状和环境法的立法沿革密切相关的。

三、我国环境法体系的基本内容

我国早在殷商时期就有了关于环境保护的法律规定，是在世界历史上最早出现环境保护法律规定的国家之一。1972 年，我国参加了联合国人类环境会议，在该会议的影响下，我国于 1973 年 8 月召开了第一次全国环境保护会议，制定了《关于保护和改善环境的若干规定（试行草案）》，由国务院予以颁发。该规定是我国第一个综合性的环境保护行政法规。1978 年，我国修改了《宪法》，首次将环境保护工作列入国家根本大法，而 1989 年在对原《中华人民共和国环境保护法（试行）》做大范围修改的基础上，颁布了新的《中华人民共和国环境保护法》，该法于 2014 年进行了修订，此后一系列与之相配套的法律、法规纷纷面世，使环境法成为我国法律体系中发展最为迅速的部门法。总结来看，我国环境法体系主要包括以下几个部分。

（一）宪法关于保护环境资源的规定

宪法是国家的根本大法，宪法中关于环境保护的规定是环境法体系的基础，是各种环境法律、法规、制度的立法依据。许多国家都在宪法中将环境保护作为一项国家职责和基本国策加以明确，把公民享有在良好的生活环境中生活的权利及保护环境的义务作为公民的一项基本权利和义务加以规定，为环境保护奠定了宪法基础并赋予其最高的法律效力。我国宪法中这类规定主要包括以下几个方面。

1. 国家环境保护的职责

宪法规定保护环境和维护生态平衡是国家的一项基本职责。我国《宪法》，第二十六条规定："国家保护和改善生活环境和生态环境,防治污染和其他公害。"这一规定为国家环境保护活动和环境立法奠定了宪法基础。

2. 公民有关环境的权利和义务

许多国家宪法中均规定公民有在良好的生活环境中生活的权利和保护环境的义务。我国《宪法》中虽然没有直接规定公民的环境权利义务，但《宪法》第五十一条规定："中华人民共和国公民在行使自由和权利的时候，不得损害国家的、社会的、集体的利益和其他公民的合法的自由和权利。"《宪法》的这一规定既是公民主张环境权的基础，也是防止滥用个人权利造成环境污染和破坏的基本环境义务规范。

3. 环境保护的基本原则

我国《宪法》第九条规定："国家保障自然资源的合理利用，保护珍贵的动物和植物。禁止任何组织或者个人用任何手段侵占或者破坏自然资源。"《宪法》第十条规定："一切使用土地的组织和个人必须合理地利用土地。"《宪法》第十四条第二款规定："国家厉行节约，反对浪费。"此外，我国《宪法》还对保护名胜古迹、珍贵文物和其他重要历史文化遗产，以及植树造林、保护林木做出了规定。

（二）综合性环境保护基本法

环境保护基本法在环境法体系中，拥有除《宪法》之外核心的最高地位。它是一种综合性的实体法，即对环境保护方面的重大问题加以全面综合调整的立法，一般是对环境保护的目的、范围、方针政策、基本原则、重要措施、管理制度、组织机构、法律责任等做出原则性规定。这种立法常常成为一个国家的其他单行环境法律的立法依据。因此，它是一个国家在环境保护方面的基本法。

正如相关学者所指出的，"实践中各国认识到必须先确定一个统一的综合性政策目标，这种综合性的政策目标在整体上转变为国家意志时就是现在的所谓的基本法"。截止到1995年，已有70多个国家制定了环境保护方面的基本或综合性法律。

综合性环境保护基本法中的环境保护规范，以及环境保护体系中这一层次的法律规范，是适应环境要素的相关性、环境问题的复杂性和环境保护对策的综合性和系统性而出现的，是国家对环境保护的方针、政策、原则、制度和措施所做出的基本规定，其特点是原则性和综合性。

一般认为，《中华人民共和国环境保护法》是我国的环境保护基本法。首先，《中华人民共和国环境保护法》调整的内容和范围涉及环境保护的整个领域，它全面调整环境社会关系，既规定了国家的环境保护职责，又规定了公民、法人、社会的环境保护权利和义务。它以统一的立法宗旨、立法目的规定了中国环境保护的基本原则和基本法律制度，对环境保护的两大任务——生态环境保护和污染防治都做了系统规定，并确立了中国的环境管理的体制，而这些内容是其他环境法律法规所不具备的也不可能具备的。其次，《中华人民共和国环境保护法》所规定的基本原则和制度为其他环境保护法律法规的制定提供了法律依据。最后，《中华人民共和国环境保护法》是全国人大常委会通过的法律，并不影响其基本法的性质，更不能否认其作为基本法的地位和作用。

（三）环境保护单行法

环境保护单行法是针对特定的保护对象或特定的环境社会关系而进行专门调整的立法。它以宪法和环境保护基本法为依据，又是宪法和环境保护基本法的具体化。因此，单行环境法律一般都比较具体详细，是进行环境管理、处理环境纠纷的直接依据，在环境法体系中占有重要的地位。

环境保护单行法在我国是由全国人大常委会制定的。目前主要包括《中华人民共和国水污染防治法》《中华人民共和国大气污染防治法》《中华人民共和国固体废物污染环境防治法》《中华人民共和国环境噪声污染防治法》《中华人民共和国海洋环境保护法》《中华人民共和国环境影响评价法》《中华人民共和国放射性污染防治法》等七部法律。

（四）环境标准

环境标准是环境法体系中一个特殊而又不可缺少的组成部分。环境标准是具有法律性的技术规范，它是环境法的有机组成部分。在我国，环境标准有国家标准和地方标准两级。国家级环境标准由环境保护部制定，地方级环境标准由省一级人民政府制定，并报环境保护部备案。环境标准属于强制性标准，大多数国家的环境法律法规都规定，违反标准应依法承担相应的法律后果。我国的环境法也规定，违反环境标准应依法承担相应的法律后果。我国的环境标准主要分为环境质量标准、污染物排放标准、环境基础标准、样品标准和方法标准。另外还有一些环境保护的行业标准。

（五）其他部门法中关于保护环境资源的法律规范

我国各主要部门法中的环境保护规范主要体现在以下方面。

1. 民法中的相关规范

民法与人民的生活息息相关，其中的许多原理和制度与环境法有着重要的渊源关系，如民法与自然资源法或自然保育法的渊源关系、相邻关系与环境侵权的渊源关系、损害赔偿与公害救济的渊源关系、民事责任原则与环境民事责任的渊源关系、合同法与排污权交易及自然资源财产权交易的渊源关系等。《民法典》中都有具体的规定。

2. 刑法中的相关规定

随着环境问题的日益严峻，近年来，各国在环境保护中都越来越充分地重视刑事责任的特殊功能，刑法在环境保护方面的适用范围不断扩大，一些国家修订普通刑法，设专章规定危害环境罪（如德国），另一些国家针对危害环境罪专门制定了单行的特别刑法（如日本的《公害罪法》）。在刑事责任形式方面，对环境相关的犯罪在采取人身刑的同时广泛地运用了财产刑。我国《刑法》第六章妨害社会管理秩序罪的第六节专门规定了"破坏环境资源保护罪"，在走私罪，渎职罪等篇章中也有涉及环境资源保护的规定。

3. 行政法中的相关规定

目前，世界上许多国家在环境保护的单行行政法规中直接规定环境犯罪的刑事条款，特别是英美法系国家大都采取行政刑法的模式规定和处罚环境犯罪。而在一些大陆法系国家，如日本，有关环境犯罪的行政刑罚也广泛适用。

我国《治安管理处罚法》中也有对尚不构成犯罪的环境违法行为给予行政处罚的规定。例如，第五十八条规定："违反关于社会生活噪声污染防治的法律规定，制造噪声干扰他人正常生活的，处警告；警告后不改正的，处二百元以上五百元以下罚款。"

总体来看，环境法学体系是环境法立法体系的延伸。我国法学界对环境法学体系有各种不同的认识。法学体系可以较立法体系超前，要体现当代环境法体系的发展趋势，适应我国环境法制建设的发展需要。中国环境法正在将环境与资源环境保护与经济社会发展结合起来，正在发展成为以保护环境资源为主，综合调整环境、经济、社会发展问题的可持续环境法体系。基于以上认识，当前我国环境法学界将我国环境法学体系总体上概括为四个部分。

第一部分，总论。这一部分阐述环境法的基本原理和基本制度。

第二部分，环境污染防治法。这是传统环境保护法的基本内容，是现代环境法的两大任务之一。它以保护人的生命与健康权利为核心，以社会公共利益的保护为本位，以对污染的事先防范为主要目的。

第三部分，生态保护建设法或自然资源法。这是现代环境法的另一主要任务。在环境法体系中，生态保护建设法通过经济管理手段并更多地借助财产法的调整方法，直接保护所有者的各种自然资源财产权利，其根本的法律价值取向是保证自然资源的永续利用和国家的生态安全，促进经济和社会的可持续发展。

第四部分，国际环境法。这种体系旨在强调污染防治与生态保护建设的统一，并探索生态环境保护在法律上的整合途径。

第三节　生态环境保护法相关问题研究

一、生态环境保护法立法问题

（一）生态环境概述

1. 生态环境的概念

随着人类社会的发展和环境问题多样性的凸显，"生态环境"这一概念开始在生态环境保护领域出现。一般情况下，生态环境是指生物有机体周围的生存空间的生态条件的总和，它是由许多生态因子（包括非生物因子如光、温度、水分、大气、土壤及无机盐类和生物因子如植物、动物、微生物等）综合而成的，对生物有机体起着综合作用。也有学者认为，生态环境是指影响生态系统发展的各种生态因素，即环境条件，包括气候条件、土壤条件、生物条件、地理条件和人为条件（如开垦、采伐、引种、栽培等情况）的综合体。从我们实际面临的环境问题来看，环境污染与生态破坏是密切相关的，很难将二者严格区分开来，"生态环境"的概念也因此被广泛地应用且被人们所接受。《中华人民共和国环境保护法》第一条规定："为保护和改善生活环境与生态环境，防治污染和其他公害，保障人体健康，促进社会主义现代工业化建设的发展，制定本法。"该法和宪法都将环境区分为生活环境和生态环境，可见，生态环境这一概念在我国的立法上也是得到承认的。这里所说的生态环境，就是指由生物群落及非生物自然因素组成的各种生态系统所构成的统一的整体，它以生物为中心，却与人类的生存与发展密切相关。可见，生态环境强调的是生态系统的整体性、系统性和稳定性。

2. 生态环境的分类

按照环境要素的形成原因，生态环境可以分为自然环境与人工环境。前者包括大气、水、森林、草原等环境要素，后者包括城市、乡村、生活居住区、人文遗迹等环境要素。

从利用价值的角度，可以将生态环境分为生态资源（包括生物资源与非生物资源）与生态空间。生态资源又包括生物资源（如森林、草原等）与非生物资源

（如土地、矿藏等），所涉及的自然资源具有较明显的财产属性。其中的生物资源一般是可再生资源，非生物资源主要是不可再生资源。生态空间包括自然保护区、文物古迹、风景名胜、乡村与城市环境等。

3. 生态环境的特征

生态环境构成了人类社会发展的自然物质基础，其特征决定着人类获取和利用它的方式和内容，也决定着生态保护法的内容和发展。因此，充分认识生态环境的特征有利于人类对其进行有效利用、管理和保护。

（1）整体性

生态环境要素的存在依赖于必要的客观物质条件，二者之间有着内在的、有机的联系，共同构成一个统一体。森林、草原、矿藏依附于土地，它们和土地相互影响，存在着连锁性、结构性的变化效应。其中一种要素的变化会影响到其他生态环境要素的变化和功能的发挥，甚至影响到整个生态环境系统的发展。任何不尊重规律的无序开发均会造成这些生态环境要素的功能减损和价值降低。生态环境要素的整体性特征要求人们在开发利用活动中，避免追求单一要素利益，应当着眼于相互关联要素的整体利益。

（2）有限性

生态环境要素依存于客观物质条件的特性决定了这些要素在数量上不都是无限的。如果人类对这些生态环境要素利用不当、滥用或破坏，势必会削弱这种能力，使可再生要素的状况发生改变、变质，甚至灭绝。自然保护区和名胜古迹等人文生态环境要素具有不可复制性和不可替代性，同样，如果人们一味地追逐利益、盲目开发、疏于保护和管理，也会减损这些要素的价值，限制其应有的生态环境价值功能的发挥，甚至使其丧失这种功能。生态环境要素的有限性要求人们尊重自然、理性开发。

（3）公共性

生态环境要素具有典型的公共物品属性，如大气、阳光、水、生物多样性、人文遗迹、乡村环境等。这些要素并不属于某个人或某一群体，而是为人们所共有。生态环境保护的受益者不仅是个人群体，也是整个社会，甚至包括未来世代。这一特征告诉人们，在开发利用公共资源时，要从全局出发，兼顾经济效益、生态效率与社会成本、兼顾他人利益及后代人利益。

（二）生态环境保护法律体系

1. 传统环境保护法的局限性

传统的环境保护法起源于污染防治法，以污染防治为重心，忽视自然资源的保护，因而不利于生态环境的整体保护与建设。其局限性主要体现在以下方面。

（1）法律属性

在法律属性方面，污染防治法主要侧重环境污染的法律责任问题，属于事后救济。就世界范围来看，各国基本采取先污染、后治理的污染防治法。这种制度具有局限性，对预防环境污染不能发挥最大的功效，而且污染一旦产生，就会造成财产赔偿，这往往得不偿失。并且，有的严重污染所造成的后果是无法挽回的，通过财产补偿措施并不能消除它造成的不良影响。

（2）调整范围

在调整范围方面，污染防治法直接针对向环境排放有毒有害物质的行为，即污染行为。而那些同样危害环境的，诸如滥伐森林、乱垦土地等破坏生态环境的行为，并不属于污染防治法的调整范围。事实上，破坏生态环境的行为与污染环境的行为同样有害，而且往往危害更为持久，后果更加难以消除。

（3）法学原理

从法学原理的角度观察，污染防治法可以借助环境科学技术规范以及政府的行政管理行为，防治对象主要是企业行为，因而法律实施的难度相对较小。然而，针对破坏生态环境行为的防治，不仅可能与传统的所有权制度在法律上有所冲突，而且此类行为往往涉及的主体广泛，既包括企业行为，也包括公民行为，传统污染防治法的原理和各项制度并不能适应保护生态环境的客观需要。

（4）调整模式

从调整模式上看，污染防治法在本质上属于民事损害赔偿制度，只要有污染损害的行为和结果，通常就会有受害人主张权利，法律责任的确定也有一整套成熟的民事制度可以借鉴。在生态保护建设领域，问题却要复杂得多。

一方面，许多生态环境资源的价值难以用金钱计算，例如，一棵树作为木材的价值是有限的，但在保护生态环境方面的意义并非其财产价值所能衡量；一棵珍稀树木的自然资源价值，或者一棵古木的人文生态环境价值，更是难以用金钱估量的。民事赔偿制度对此类问题显得无能为力。另一方面，生态环境的保护建设工作不仅有利于当代人，也是对后代人利益的保护，是可持续发展的必然要求。这是污染防治法所依赖的民事损害赔偿制度所不能调整的。

此外，生态保护建设的对象主要是一种公共利益，而非私人利益。环境公益涉及的利益主体多，关系复杂，法律保护难度很大。环境保护中经常援引西方经济学家称为"公有物的悲剧"的规律，其直接来源主要是自然资源保护问题，是私法保护的一个盲区。

以上原因促使生态保护建设法应运而生，并且很快成为现代环境法研究的重要领域。

2. 我国生态环境的法律保护

生态环境问题是在人类社会发展过程中产生的，理应由人类自己在社会发展过程中加以解决。由于生态环境保护的问题涉及国家政治、法律、经济、文化、军事等诸多因素，需要运用政治、经济、军事、法律、科技等各种手段来综合调整，尤其要重视法律在生态环境保护与自然资源开发利用中的作用。法律不仅调整人们在开发利用生态环境中形成的社会关系，使之符合生态规律和社会经济规律，并且以国家强制力来保障法律得到遵守执行，保证生态环境保护工作的顺利开展。自 20 世纪 60 年代末开始，世界各国加强了环境资源领域的立法。伴随着人类生态环境保护的进程，与生态保护相关的法律也迅速发展完善起来。

纵观我国生态法制建设发展的整个过程，我们发现，由于早期社会的生态问题并未严重到成为引人注目的社会问题，所以我国历史上并没有专门的生态立法。我国现代意义上的生态立法是在 20 世纪才出现的。新中国成立初期，起临时宪法作用的《中国人民政治协商会议共同纲领》对自然资源的保护和利用做了较为全面的规定。以宪法为基础，还制定了一批关于资源利用和自然保护的规章制度。在 1972 年联合国人类环境会议的推动下，我国于 1973 年 8 月召开了第一次全国环境保护工作会议，会上制定并通过了《关于保护和改善环境的若干规定（试行草案）》。它规定了"全面规划，合理布局，综合利用，化害为利，依靠群众，大家动手，保护环境，造福人民"的环境保护工作方针，划定了环境保护工作的基本范围。这是我国历史上第一个综合性的环境保护法规，是我国环境保护法的雏形。随着 1978 年改革开放政策的实行，我国社会经济生活逐渐转轨，生态环境保护法制建设也逐渐走上正轨。

1978 年，环境保护在宪法中首次获得确认，成为一项重要的国家职能。1979 年 9 月全国人大常委会批准颁行了《中华人民共和国环境保护法（试行）》，从此我国的环境保护和环境立法进入了一个迅速发展时期。20 世纪 80 年代之后，中国的生态环境保护活动在国家经济生活中取得了重要地位，生态环境法制建设初步形成框架体系。1983 年召开的第二次全国环境保护会议宣布环境保护为基本国策。此后，生态环境保护领域的立法获得了长足的发展，已基本形成了环境保护法律体系的框架。自 1979 年以来，我国立法机关已经制定了 26 部环境资源方面的法律，基本形成了以宪法中关于生态环境保护的规定为基础，以环境保护基本法、自然资源单行法、专门生态保护单行法为主体，包括其他法律法规中的生态规范在内的完整体系。以环境保护法为核心，以自然资源法、污染防治法、生态保护法为三大板块的环境保护法律体系，为我国的生态环境保护工作提供了最基本的法律保障。

在生态保护方面，我国现行的相关法律都是针对具体生态要素的单行法，尚没有一部综合性的生态保护法。实践中，经常出现环境单行法之间的交叉和矛盾，而且在某些领域仍存在法律空白，使得生态环境的保护工作有法难依、无法可依。除此之外，我国其他相关法律缺乏对生态环境保护的足够重视，有些法律法规虽然对生态环境的保护做出了某些规定，但仍须不断完善。由此看来，生态环境保护法制建设的不健全俨然已成为生态环境退化趋势难以遏止的法律因素。

二、环境要素资源保护法律问题研究

（一）土地资源保护法

我国土地资源保护的法律经过几十年的发展，也基本上形成了完整的体系。目前，我国关于土地资源保护的立法主要有《中华人民共和国土地管理法》及其实施条例，《中华人民共和国水土保持法》及其实施条例，《土地复垦规定》《基本农田保护条例》等。另外，在《中华人民共和国农业法》《中华人民共和国矿产资源法》《中华人民共和国环境保护法》等法律中也有一些保护土地资源的规定。纵观我国土地资源保护的立法现状，存在以下主要法律制度。

第一，土地权属制度。为保护土地资源，首先必须明确土地的权属。我国《宪法》等法律规定，中华人民共和国实行土地的社会主义公有制，即全民所有制和劳动群众集体所有制。全民所有制的土地被称为国家所有土地，简称国有土地，其所有权由国务院代表国家行使。全民所有，即国家所有土地的所有权由国务院代表国家行使。为保护土地的所有权，法律规定，任何单位和个人不得侵占、买卖或者以其他形式非法转让土地。土地使用权可以依法转让。集体所有制，即部分劳动者共同占有和支配生产资料的社会主义公有制形式。与农业、手工业、商业、服务业和某些工业部门中社会化程度较低的生产和经营活动相适应。在集体所有制中，生产资料是集体财产，归集体经济组织及其成员支配和使用，国家和其他单位不能任意无偿调拨集体经济的生产资料、劳动力、产品和资金。

第二，土地用途管制制度。国家为保证土地资源的合理利用，促进经济、社会和环境协调发展，通过编制土地利用总体规划划定土地用途区域，确定土地使用限制条件，土地所有者、使用者严格按照国家规定的用途利用土地。其基本内容是，按用途对土地进行分类；通过土地登记明确土地使用权性质；编制土地利用总体规划，划分土地利用区和确定土地使用的限制条件；对改变土地用途实行审批制度。在我国，该制度体现为将土地划分为农用地、建设用地和未利用地；严格限制将农用地转为建设用地，控制建设用地数量，对耕地实行特殊保护。

第三，土地管理制度。国务院土地行政主管部门统一负责全国土地的管理和监督工作。县级以上地方人民政府土地行政主管部门的设置及其职责，由省、自治区、直辖市人民政府根据有关规定确定。乡级人民政府负责本行政区域内的土地管理工作。

第四，水土保持管理制度。《中华人民共和国水土保持法》第六条规定，国务院水行政主管部门主管全国的水土保持工作。县级以上地方人民政府水行政主管部门主管本辖区的水土保持工作。

（二）水资源保护法

对水资源进行有效且强有力的保护必须以一系列制度的构建为前提，因此，在宪法基础之上，国家和地方都制定了一系列有关水资源保护的法律法规，以确保各项水资源保护活动能够在法律范围内顺利进行。以下以效力层级为序，简单展开水资源保护法律体系。

第一，宪法。《中华人民共和国宪法》第九条明确规定："国家保护自然资源的合理利用……禁止任何组织或者个人用任何手段侵占或者破坏自然资源。"第二十六条规定："国家保护和改善生活环境和生态环境，防治污染和其他公害。"

第二，法律。我国现行的有关水资源保护的法律主要有《中华人民共和国环境保护法》《中华人民共和国水法》《中华人民共和国水污染防治法》《中华人民共和国水土保持法》以及《中华人民共和国防洪法》等。这些法律对我国的水资源保护问题基本做出了全面的规定。

第三，单项行政法规。如国务院制定的《长江河道采砂管理条例》《河道管理条例》《取水许可和水资源费征收管理条例》《中华人民共和国水污染防治法实施细则》等。这些单行法规可以有效地对某一领域的问题做出专门而详细的规定。

第四，地方性法规。各省（自治区、直辖市）人大制定相关地方性法规，如《江西省水资源条例》《浙江省钱塘江管理条例》等。这些地方性法规的制定也能够有效解决地方层级的一些重大水环境问题。

（三）森林资源保护法

第一，森林资源权属制度。《宪法》确立了森林资源国家所有和集体所有的制度，《中华人民共和国森林法》第十五条在此基础上进一步明确了森林资源的权属流转，用材林、经济林、薪炭林或其林地使用权、采伐迹地、火烧迹地的林地使用权，国务院规定的其他森林、林木和其他林地使用权可以依法转让，也可以依法作价入股或者作为合资、合作造林、经营林木的出资、合作条件，但不得将林地改为非林地。

第二，森林资源经营管理制度。森林资源的清查是指在一定时期内对某一地区内的各类森林资源分布情况和森林质量等因子进行调查和核查。森林资源建档是在森林资源清查的基础上，将清查结果加以分类、整理、汇总、保存的制度。林业规划是就我国的森林资源开发利用指导思想、基本原则、战略目标等事项的纲领性计划。森林植被恢复费制度运用在勘查、开采矿藏和各项建设工程占用或征用林地等情况下，用以弥补上述行为导致的林地面积锐减、森林破坏等负面影响。

第三，森林资源保护制度。《中华人民共和国森林法》以及《中华人民共和国森林法实施条例》对森林采伐进行了明确的规定，包括采伐的原则、采伐审批程序、采伐方式和期限等，并特别明确了限额采伐制度。对于荒山荒地、幼林地等生态脆弱的林地环境，国家加强区域监管，设定封山育林制度。与此同时，现行立法还规定了开展全民义务植树并确立了地方政府和林业部门的相关责任制。缘于森林防火和森林病虫害防治工作的专业性、特殊性，国家专门制定了《森林防火条例》和《森林病虫害防治条例》。

（四）渔业资源保护法

国家对渔业资源的监督管理实行统一领导、分级管理的体制。

1. 规范捕捞作业制度

第一，实行捕捞限额。同其他自然资源一样，渔业资源也是维持生态平衡的一个重要组成部分，应该采取措施对渔业资源进行合理保护。国家根据捕捞量低于渔业资源增长量的原则，通过计算统计确定渔业资源的总可捕捞量，在制度上实行限额捕捞。中华人民共和国内海、领海、专属经济区和其他管辖海域的捕捞限额总量由国务院渔业行政主管部门确定相关部门将总捕捞量上报国务院审核批准以后逐级分解下达；国家确定的重要江河、湖泊的捕捞限额总量由有关省、自治区、直辖市人民政府确定或者协商确定，一级一级分解下达并严格实施。如出现违规捕捞，应受到一定的惩罚。

第二，渔业捕捞许可证。渔业捕捞许可证可分为外海捕捞许可证、近海捕捞许可证、内陆水域捕捞许可证、专项（特许）捕捞许可证、临时捕捞许可证。凡在我国管辖水域从事渔业生产的单位和个人，均需按规定申请办理捕捞许可证。未取得捕捞许可证的，不得从事捕捞作业。

第三，加强对捕捞工具的管理。批准发放海洋作业的捕捞许可证不得超过国家下达的船网工具控制指标；制造、更新改造、购置、进口的从事捕捞作业的船舶必须经渔业船舶检验部门检验合格后，方可下水作业。

2. 渔业资源增殖和保护

（1）渔业资源增殖和保护方面的措施

第一，实行渔业资源增殖保护费。县级以上人民政府渔业行政主管部门可以向受益的单位和个人征收渔业资源增殖保护费，专门用于增殖和保护渔业资源。

第二，建立水产种质资源保护区。国家保护水产种质资源及其生存环境，并在具有较高经济价值和遗传育种价值的水产种质资源的主要生长繁育区域建立水产种质资源保护区。未经国务院渔业行政主管部门批准，任何单位或者个人不得在水产种质资源保护区内从事捕捞活动。

（2）渔业资源增殖和保护方面的禁止措施

第一，禁止炸鱼、毒鱼。

第二，规定禁渔区、禁渔期、禁用渔具和禁用的捕捞方法，不得在禁渔区和禁渔期进行捕捞，也不得使用禁用的渔具捕捞方法和小于规定的最小网目尺寸的网具进行捕捞。

第三，除经过特别批准外，禁止捕捞有重要经济价值的水生动物苗种。

第四，禁止围湖造田。

第五，在鱼、虾、蟹洄游通道建闸、筑坝对渔业资源有严重影响的，建设单位应当建造过鱼设施或者采取其他补救措施。

第六，对于进行水下爆破、勘探、施工作业有可能对渔业资源产生重要不良影响的，要求相关部门或单位必须采取预防措施，最大限度地防止或者减少对渔业资源的损害。

（五）野生动物保护法

目前关于野生动物保护的法律法规形成了以《中华人民共和国宪法》为依据，《中华人民共和国野生动物保护法》为核心，《中华人民共和国渔业法》《中华人民共和国动物防疫法》《中华人民共和国进出境动植物检疫法》等法律为保障，《中华人民共和国陆生野生动物保护实施条例》《中华人民共和国水生野生动物保护实施条例》《国家重点保护野生动物驯养繁殖许可证管理办法》等一些法规规章为补充的立法体系。《宪法》第九条第二款是野野生动物保护的法理依据，其中规定："国家保障自然资源的合理利用，保护珍贵的动物和植物。禁止任何组织或个人用任何手段侵占或者破坏自然资源。"虽然《宪法》条文中没有直接用野生动物的概念，但是珍贵的动物中包含了所要保护的野生动物。1988 年制定的《中华人民共和国野生动物保护法》经过了 2004 年、2009 年、2016 年和 2018 年四次修订，其立法目的就是拯救珍贵、濒危野生动物。《中华人民共和国渔业法》加强了渔业资源的保护。《中华人民共和国动物防疫法》主要是为了维护公共卫生。国务院制定的《陆生野生动物保护实施条例》和《水生野生动物保护实施条例》主要是贯彻《中华人民共和国野生动物保护法》的精神。

从以上的立法样态可以看出，我国关于野生动物保护的立法已经形成了包含不同效力等级的多层次保护。全国人大常委会发布的《全国人民代表大会常务委员会关于全面禁止非法野生动物交易、革除滥食野生动物陋习、切实保障人民群众生命健康安全的决定》中进一步确立了关于野生动物非法交易行为的犯罪处罚力度，丰富了野生动物的内涵，完善了国务院及其有关部门和省、自治区、直辖市应当调整相关名录和配套规定。其后一些地方性法规做出了修改，例如，广东省第十三届人民代表大会常务委员会第十九次会议修订通过了《广东省野生动物保护管理条例》，就是对这次决定的积极回应。虽然广东省的条例对《全国人民代表大会常务委员会关于全面禁止非法野生动物交易、革除滥食野生动物陋习、切实保障人民群众生命健康安全的决定》确定的禁食范围未做任何扩大和限缩，但是对于违法食用野生动物的行为，条例新设了处罚的规定，其中第四十二条第三款规定"以食用为目的猎捕、杀害其他陆生野生动物的，并处猎获物价值一倍以上五倍以下的罚款；没有猎获物的，并处二千元以上一万元以下的罚款"。和之前条例相比，修改后的条例增大了处罚的力度。随后上海市人大常委会也通过了关于废止《上海市实施＜中华人民共和国野生动物保护法＞办法》的决定，其他地方也展开了对于野生动物保护法规的审查和清理等活动，适应了当下野生动物保护的现实所需。

（六）矿产资源保护法

1. 矿产资源权属制度

矿产资源权属制度主要包括所有权、探矿权、采矿权三种。在我国，矿产资源采取的是单一的所有权制度，也就是矿产资源开发、使用、分配权归国家所有，其所有权由国务院行使。探矿权是指在依法取得的勘察许可证规定的范围内勘察矿产资源的权利。采矿权是指在依法取得的采矿许可证规定的范围内开采矿产资源和获得所开采的矿产品的权利。矿产资源所有权虽然归国家所有，但是探矿权、采矿权方面采取的是有偿取得制度，并且探矿权和采矿权根据有关规定可以依法进行转让。在监督管理方面，我国的矿产资源保护实行主管与协管相结合的监督管理体制。

2. 矿产资源管理制度

第一，矿产资源规划。全国矿产资源规划可分为矿产资源勘察规划和矿产资源开发规划。根据国民经济和社会发展中长期规划，国务院地质矿产主管部门在国务院计划行政主管部门的指导下，组织国务院有关主管部门和省、自治区、直辖市人民政府编制矿产资源规划，报国务院审核批准后实施。

第二，矿产资源勘察登记。对于矿产资源的勘察管理，国家实行统一的区域登记管理制度。国务院地址矿产部门负责矿产资源勘察登记工作，经国务院授权，特定矿种的矿产资源勘察登记工作可以交给有关主管部门负责。

第三，采矿许可证。凡在我国领域及管辖海域开采矿产资源的单位和个人，必须经过审查批准，取得采矿许可证。不同区域、规模和不同种类的矿产资源，分别由不同的机构审批和发放采矿许可证。按照矿产资源重要程度和矿种的不同，矿产资源开采的审批登记及颁发许可证分别由国务院、省、地（市）、县四级地质矿产行政管理机关负责。

第四，矿产资源补偿费。凡在中华人民共和国领域和其他管辖海域开采矿产资源的采矿权人，都应当按规定缴纳矿产资源补偿费。当然，矿产资源补偿费是由国家统一规定的，是根据矿产品销售收入的实际情况按照一定比例计征。

3. 矿产资源开发利用中的保护制度

第一，对特定矿区和矿种实行计划开采。国家对国家规划矿区、对国民经济具有重要价值的矿区和国家规定实行保护性开采的特定矿种，实行有计划的开采；未经国务院有关主管部门批准，任何单位和个人不得开采这类矿区和矿种。

第二，对具有工业价值的共生和伴生矿产实行综合勘探与综合开采。在完成主要矿种普查任务的同时，应当对工作区内包括共生或者伴生矿产的成矿地质条件和矿床工业远景做出初步综合评价；对具有工业价值的共生和伴生矿产应当统一规划，综合开采，综合利用，防止浪费；对暂时不能综合开采或者必须同时采出而暂时还不能综合利用的矿产以及含有有用组分的尾矿，应当采取有效的保护措施，防止损失破坏。

第三，采取合理的开采顺序、方法和工艺。开采矿产资源必须采取合理的开采顺序、开采方法和选矿工艺，开采回采率、采矿贫化率和选矿回收率应当达到设计要求。

第四，矿山生态环境保护专项规划。为使开发与环保并重，提高利用率，国家实行矿山生态环境保护专项规划制度，对矿山开发建设的生态环境保护、矿山开发利用的"三废"处理、矿山土地复垦与土地保护利用、矿山环境污染和生态破坏的治理及矿区地质灾害监测与防治进行统筹规划并保障实施。

第五，建设项目环境影响评价及"三同时"制度。建设矿产资源开发利用项目必须首先进行环境影响评价，建设过程中应执行"三同时"制度。

第六，土地复垦制度。耕地、草原、林地因采矿受到破坏的，矿产企业应当按照"谁破坏、谁复垦"的原则，因地制宜地采取复垦利用，植树种草或者其他利用措施。

第七，保护风景名胜和文化古迹。如果没有经过国务院或其授权的有关主管部门的批准和同意，不得在重要河流、堤坝两侧一定距离内以及国家划定的自然保护区、重要风景名胜区、国家重点保护的不能移动的历史文物和名胜古迹所在地开采矿产资源。在勘察、开采过程中，一旦发现具有重大科学文化价值的罕见地质现象以及文化古迹，应当加以保护并及时报告有关部门，根据上级指示进行开发和保护，以免对文化古迹造成不可挽回的影响。

三、生态空间保护法律问题研究

（一）人文生态环境保护法

1. 风景名胜区保护的主要法律规定

风景名胜区是指以具有科学、美学价值的自然景观为基础，自然与文化融为一体，主要满足人类对大自然精神文化活动需求的地域空间综合体。风景名胜资源包括自然景物和人文景物，是风景名胜区的物质基础。1978 年，中共中央发布 13 号文件，提出加强名胜古迹风景区的管理，禁止风景名胜区周围建筑新建筑；1982 年，国务院审定了第一批 44 处国家级重点风景名胜区；1985 年，国务院发布了《风景名胜区管理暂行条例》，这是我国加强对风景名胜资源保护的各项具体法律法规。我国关于风景名胜区的基本的法律规范是国务院 2006 年 12 月 1 日颁布实施的《风景名胜区条例》，还有建设部的发布的《风景名胜区管理暂行条例实施办法》《风景名胜区环境卫生管理标准》。此外一些省市级人大及其常委会结合省市特点，依据国家相关法规，制定了许多地方性风景名胜的区法规和规章。例如，《杭州西湖风景名胜区管理条例》《云南省风景名胜区管理条例》等，对其风景名胜区的管理和保护做出了详细的规定。

2. 历史文化遗产资源保护的法律规定

《国务院关于加强文化遗产保护的通知》首次明确了我国历史文化遗产概念，指出："文化遗产包括物质文化遗产和非物质文化遗产。物质文化遗产是具有历史、艺术和科学价值的文物，非物质文化遗产是指各种以非物质形态存在的与群众生活密切相关、世代相承的传统文化表现形式。"新中国成立后，我国先后出台了一些制定涉及保护文化遗产的法律法规。1950 年 5 月，中央人民政府颁发了《古迹、珍贵文物、图书及稀有生物保护办法》；1951 年 5 月颁布了《关于地方文物古迹的保护管理办法》，成立了从中央到地方的文物保护机构；1961 年 3 月国务院制定了《文物古迹管理暂行条例》，对文物保护管理的经验、范围、机构、办法、出口、奖惩等做了具体规定；1982 年 3 月，我国颁布了《中华人民共和国文物保护法》，这是当前保护文物重要的法律，对文物资源的发掘、保护和管理做了明确规定。此外，我国制定的《中华人民共和国城市规划法》《全国人大常委会关于惩治盗掘古文化遗址古墓葬犯罪的补充规定》等国家法律法规中也有许多保护文物、古迹的内容。我国还于 1985 年 11 月 22 日经全国人大常委会批准加入了《保护世界文化和自然遗产公约》。这些法律法规对我国自然保护区、重点文物资源等的保护开发、规划建设和经营管理等工作走上法制轨道，起到了保障、促进、稳定和发展的作用。

（二）自然保护区法

《中华人民共和国宪法》第二十六条规定，国家保护和改善生活环境和生态环境；第二十二条规定，国家保护名胜古迹、珍贵文物和其他重要历史文化遗产。宪法作为所有部门法的渊源，其相关规定为环境保护法等其他部门法提供了立法依据。

《中华人民共和国环境保护法》第十七条规定："各级人民政府对具有代表性的各种类型的自然生态系统区域，珍稀、濒危的野生动植物自然分布区域，重要的水源涵养区域，具有重大科学文化价值的地质构造、著名溶洞和化石分布区、冰川、火山、温泉等自然遗迹，以及人文遗迹、古树名木，应当采取措施加以保护，严禁破坏。"

《中华人民共和国森林法》以及《中华人民共和国草原法》等专门法律法规也都在各自的调整范围内强调要加强对森林生态系统、草原与草甸生态系统、野生动物等类型自然保护区的保护。

1. 综合性立法

自然保护区立法以1994年颁布和施行的《中华人民共和国自然保护区条例》为核心，以其他配套的行政法律、行政规章和地方性法规为补充。

《中华人民共和国自然保护区条例》是我国关于自然保护区管理与保护的第一部综合性法规。《中华人民共和国自然保护区条例》对自然保护区管理做了全面规定，目的是既能保护好自然保护区内的生态环境和自然资源，又能兼顾在该自然保护区范围内的科学研究、教育、生态旅游等项目的开展。《中华人民共和国自然保护区条例》对自然保护区管理体制做出了如下规定：实行综合管理和分部门管理相结合的管理体制，具体由国务院环境保护行政主管部门负责全国自然保护区的综合管理，而国务院具体资源主管部门，如林业、农业、地质矿产、水利、海洋等相关行政主管部门在各自的职责范围内主管自然保护区工作。我国对管理主体采取行政级别制进行划分，《中华人民共和国自然保护区条例》规定由国务院有关自然保护区行政主管部门或省级人民政府自然保护区行政主管部门管理国家级自然保护区，对国家级自然保护区以外的保护区则由当地县级以上环境行政主管部门管理。《中华人民共和国自然保护区条例》采用"人与生物圈保护区"的管理方式，将自然保护区的功能区分为核心区、缓冲区、实验区；初步建立了自然保护区经费渠道，规定管理自然保护区所需经费，由所在地的县级以上人民政府安排，国家对国家级自然保护区则采取给予适当补助的方式对保护区给予经费保障。《中华人民共和国自然保护区条例》是我国自然保护区管理中最为重要的行政法规，在对自然保护区进行管理和保护的实践中发挥了重要的作用。

为了使不同类型的保护区能得到更有针对性的管理，我国各职能部门还依据自然保护区的类型制定了四部重要的部门规章，这四部规章在自然保护区的管理与保护中也发挥着非常重要的作用。经国务院批准，林业部公布了《森林和野生动物类型自然保护区管理办法》；地质矿产部颁布了《地质遗迹保护管理规定》；国家科委和农业农村部联合公布了《海洋自然保护区管理办法》；农业农村部又下发了《水生动植物自然保护区管理办法》。这四部管理办法分别对四种不同的自然保护区的保护做出了详细规定，是对条例的进一步补充和细化。由于我国自然保护区大部分属于森林系统和野生动物类型自然保护区，因此在《中华人民共和国自然保护区条例》颁布之前的很长时间内，《森林和野生动物类型自然保护区管理办法》发挥着巨大作用，自然保护区的执法行政等工作都参照该管理办法。

2. 专项立法

为规范自然保护区土地流转等行为，《自然保护区土地管理办法》应运而生。该管理办法规定对自然保护区土地资源建立地籍档案制度，编制自然保护区及其外围法定区域的土地利用规划，确定自然保护区界标并公告；对改变自然保护区土地范围和用途的事项规定了严格的环境评价和审查等必经程序；最后规定了对侵害自然保护区土地权益的处罚措施。

我国将自然保护区划分为三个类别具体细分为9个种类就是依据《自然保护区类型与级别划分原则》所做的分类，《自然保护区类型与级别划分原则》将我国自然保护区划分为国家级、省级、市级和县级共四个级别。

为了提高国家级自然保护区的建设质量和管理效果，国家环境保护总局颁发了《国家级自然保护区评审标准》，规定了自然保护区所需申报文件、申报程序、评审要求以及自然保护区评审指标等。

3. 自然保护区发展规划

经国务院同意，国家环保总局（现为"环境保护部"）、国家计委于1997年11月24日印发《中国自然保护区发展规划纲要（1996—2010年）》，总结了自然保护区建设和管理情况，指出存在的主要问题，明确提出自然保护区规划编制的指导思想和基本原则，提出了规划目标与具体的规划方案，制定经费预算，并指出实施规划的保障措施主要包括加强领导、制定激励政策、保障经费到位、加强法制建设并加大执法力度、加强监督检查、建设示范工程、加强该地区控制人口和扶贫等政策措施的实施等。为顺应自然保护区建设与发展的新需要，1999年7月颁布的《全国环保系统国家级自然保护区发展规划（1999—2030年）》规定要进一步加强有关自然保护区的法制建设，要求认真组织宣传和落实《中华人民共和国自然保护区条例》及其他有关保护区的法规和规章，积极争取制定自然保护区法，逐步建立健全由法律、行政法规、地方性法规和各自然保护区管理规章共同组成的法律法规体系，并定期检查执行情况，对违法行为严肃处理，保障自然保护区事业的健康发展。

（三）自然灾害防治法

自然灾害防治法律制度是指由国家制定或认可的关于灾害防治的章程、办法、规定、条例、法令、法律等规范性文件的总和。它既包括国家权力机关制定的，也包括各级行政机关依法制定的有关灾害防治的法律法规等。灾害防治工作的法律制度属于行政管理法律制度的范畴，是国家应急管理制度的重要组成部分，是政府有力应对自然灾害，确保人民生命财产安全、经济发展、社会稳定的重要依据和手段。我国政府历来都非常重视灾害防治工作，把灾害防治工作作为影响人民疾苦、保障经济发展、维护社会和谐稳定的头等大事来抓，形成了以"政府统一领导，部门分工负责，上下分级管理"的救灾工作管理体制。改革开放以后，我国在自然灾害防治立法方面取得了很大的进步，相继制定了40多部与灾害防治相关的法律法规，使得灾害防治工作逐渐步入法制化轨道。据统计，进入20世纪90年代后，我国先后制定了《中华人民共和国防震减灾法》《中华人民共和国防洪法》《中华人民共和国防沙治沙法》《汶川地震灾后重建条例》等国家法律法规。1998年国务院批准的《中华人民共和国减灾规划（1998—2010年）》，明确指出了灾害防治的目标、任务和措施，明确提出把"加强减灾法制建设，积极开展减灾立法的研究工作，健全和完善减灾法律法规体系，使减灾工作进一步规范化和制度化"作为减灾工作的主要措施之一，为今后一段时间我国的灾害防治工作指明了方向。就目前来说，世界上主要发达国家大多制定了自然灾害救助基本法，而我国尚无一部由全国人大或全国人大常委会制定颁布的自然灾害救助基本法。常见的是行政机关的规定或政策性文件，如国务院制定的《汶川地震灾后重建条例》、民政部出台的《救灾捐助管理办法》等。

　　总的来说，我国自然灾害防治法律制度具有以下基本原则：一是保障人权，把维护人民群众生命，保障基本生活作为立法的首要目标。二是公开公平原则，如何规范保护人民基本权利，关键是通过法律程序实现这些价值目标。三是权力监督原则，政府部门在灾害救助过程中享有广泛的权力，如何有效地规范政府部门的行为，使其能够充分承担自然灾害防治法律设计的给付义务，有必要对其权力加以制约和监督。四是协调一致的原则，只有法制统一，政令畅通，才能有效地开展自然灾害防治工作。

第四章　国内外流域生态环境保护与全面高质量发展经验

现阶段，各地依然存在着以牺牲环境为代价发展经济的现象。因此，我们有必要借鉴国内外流域生态环境保护与全面高质量发展的经验，取其精华，去其糟粕，促进我国黄河流域生态环境保护的高质量发展。本章分为国内流域生态环境保护与全面高质量发展经验、国外流域生态环境保护与全面高质量发展经验两部分。

第一节　国内流域生态环境保护与全面高质量发展经验

一、海河流域生态环境保护与全面高质量发展实践

海河流域地处华北地区，近年由于经济的发展，当地可用水资源已不能满足社会发展和经济发展的需要，从而造成了水资源的污染和短缺，生态环境的恶化影响了社会经济的可持续发展。针对多种海河流域水污染的生态问题，流域相关机构进行了综合治理，并取得了成效。

首先，制定出各项政策性的规划。结合实际因地制宜出台相关政策，2000年海河水利委员会在全国水功能区划的基础上开展了《海河流域水资源保护规划》编制工作，首次将流域生态环境需水纳入流域水资源保护规划；2013年3月国务院正式批复的《海河流域综合规划》提出流域水资源保护与水生态修复方案，明确了加强流域水资源保护与水生态修复的措施；2009年编制的《山西省水生态系统保护与修复规划》围绕国家和山西省生态文明建设的总体战略，提出不同时期山西省水生态系统保护和修复目标。这些政策有力地提供了宏观的治理方案的描述与指导，为后续治理的工作提供了保障。

其次，通过技术的手段分析水系统生态存在的问题，运用多种评估手段确定最优解决方法。明确治理方法，提高治理效率，用技术的手段来分析水系统生态存在的问题方面取得了显著的效果。如 2010 年开展的《海河流域平原河道生态保护与修复模式研究》在建立平原河流生态健康评价指标体系、确定河流生态需水量以及构建河流生态修复模式三方面均有创新，对流域河流生态修复工作具有重要的战略指导意义；2011 年开展的《海河流域重要河湖健康评估》发现河湖生态存在的主要问题，并提出了针对性保护对策措施，为河湖生态保护提供了技术支撑。

最后，重点问题重点治理。各省市针对海河流域的问题，从河道治理、湿地保护与修复、水源地保护、生态补调水、污染水体修复五方面进行全方位治理，美化了城市环境，也使湿地生态破坏得到明显改善。

二、对黄河流域生态环境保护与全面高质量发展的启示

（一）改进生产技术，发展循环用水

黄河流域地区工业企业应大力加强技术改造升级，采用先进的技术和设备，改进工业循环的水处理技术，在实现资源最大化利用的同时也能够最大限度地提升水资源的反复利用率，提高黄河流域地区的水资源利用效率，使得黄河流域的水资源具有可持续能力，在一定程度上解决黄河流域水资源短缺问题，从而提高黄河流域地区的生态保护与高质量发展水平，进一步推进黄河流域生态保护与高质量的耦合协调发展。

（二）政府狠抓污染源，实现污水资源化

只有从源头上狠抓污染源才能有效地保护生态环境，政府制定相应的污染物排放标准，以此来严格要求黄河流域各工业企业实现源头的净化排放，从源头上有效遏制黄河流域工业企业废水废气的排放，不仅能够有效提升黄河流域的生态环境质量，也降低了环境治理的成本和效率。其中，需要重点加强废污水的排放与资源化，而污水治理的重中之重则是对工业废水的治理。为了提升黄河流域地区的生态环境质量，各地政府应该从源头抓起，不仅需要限制农业和工业中产生的废水排放，也要加强污水的处理能力，把达标后的污水循环利用，实现废水的无害化利用和污水资源化，为黄河流域的高质量发展提供基本保障。

（三）提高自主创新能力，加强能源利用效率

毫无疑问的是，高水平的自主创新能力能够衍生出较高的科技水平，从而有

效地提高能源的合理配置水平和资源利用效率，进而提高黄河流域地区生态保护与高质量发展水平以及这两大系统的耦合协调度。因此，国家科研团队和企业的不断追求创新与实践至关重要。提高黄河流域生态保护与高质量发展耦合协调度最有效的手段即为提升黄河流域地区的自主创新能力。

（四）完善协同治理体系，加强区域联动治理

第一，建立起一个能够跨区域的党政协商、多个部门共同联动以及社会积极参与的协同治理机制，加强沿黄地区党政引导对于河湖的领导保护以及管理职责，为黄河流域地区生态保护与高质量的耦合协同发展提供坚实的政策支撑。

第二，建立关于黄河流域生态保护领域和经济社会领域的相关法律制度，构建起一个层次高度清晰且系统较为全面的法律法规体系，为黄河流域生态保护与高质量发展耦合协调发展提供一个健全高效的法制体系保障。

第二节　国外流域生态环境保护与全面高质量发展经验

一、国外流域生态环境保护与全面高质量发展实践

各国在流域生态保护和经济可持续发展方面经历了漫长的探索，在政策、制度建设和组织机构等方面积累了大量经验：一是注重发挥政府的统筹规划和引导作用，多主体参与治理河流和流域污染问题；二是在流域治理过程中形成了四种典型治理模式，包括"集中治理"模式、"协同治理"模式、"集中—分散治理"模式以及"分散治理"模式；三是从水资源保护与利用立法、城市和水系综合规划、成立合作组织等方面开展流域资源保护和利用工作；四是从加快产业转型升级、提升流域生态功能和旅游功能，以及发展有机农业几个方面优化流域产业结构和布局。总结这些制度、政策、模式、方法等相关经验能够为我国黄河生态保护和经济可持续发展提供参考和借鉴。

（一）流域治理主体方面

国外对于河流流域污染治理主要采取两种方式：第一种方式是遵循"谁污染谁治理"原则。英国早期对于泰晤士河污染治理问题采取这种方式。该模式首先将污染界定为地方事务，认为污染治理是地方自治权力的一部分，理应交由污染地解决，中央政府不得擅自干预，也不需要未产生污染地区的参与。同时，该模式认为，污染治理费用也理应由污染地负责。以英国为例，泰晤士河流域各地区

污染程度有较大差异，工业城市比农村地区污染严重，而伦敦段污染最为严重。按照"谁污染谁治理"的逻辑，伦敦地区的污染治理费用只能由伦敦来承担。第二种方式是政府主导，多主体协同治理。20 世纪 50 年代，在荷兰的倡议下，沿岸开始认真思考莱茵河污染的管理问题，并为此搭建国际交流对话平台，广泛开展国际交流合作并成立保护莱茵河国际委员会（ICPR），各国签订了合作公约，构建了沿岸各国在保护莱茵河中进行合作的工作框架。除 ICPR 外，合作框架中还包括莱茵河流域水文委员会、自来水厂国际协会、航运中央委员会等国际组织。虽然不同组织的目标和任务不同，但组织间通过交流互通信息，具有稳定的联络机制和信息共享机制，均在莱茵河水资源的保护和开发利用方面发挥了重要作用。时至今日，莱茵河流域跨国协作治理模式的成功经验，已经成为跨国界流域污染治理的成功典范。

（二）流域治理模式方面

国外流域的治理模式主要包括集中治理、协同治理、分散治理和集中—分散治理四种模式。美国 1933 年成立的田纳西河流域管理局（TVA）是集中治理模式的典型代表，其主要特征是由国家设置或指定专门机构进行流域的整体治理。该机构主要负责制定出台各种水质标准、发放排污许可证以及为各州分配生态补偿的资金投入等。欧洲莱茵河流域为流域协同治理模式提供了实践样板。跨国流域的协同治理建立在多个国家平等互惠的基础上，并以协商沟通、利益共享、风险共担为原则，明确各自的职责，实现协同分工，从而保证了流域治理的高效性和可持续性。日本分散治理模式与集中治理和协同治理模式的主要区别在于各部门各司其职，按照各自的职责负责职责范围内的工作。澳大利亚则将集中治理和分散治理相结合，实行了"集中—分散"式的治理模式。该模式由负责流域治理的部门协调相关机构与地区，体现了集中治理的思路，但负责具体开发利用的各个机构与地区自主制定了相关政策法规和标准，并按照各自的分工职责完成流域治理工作，各机构或地区拥有自主权，又体现了分散治理的思想。

（三）资源保护与利用方面

在资源保护与利用方面，不同国家的方式方法有相似之处，但也体现了各自的特点，主要体现在立法、综合规划、空间布局和跨区合作等方面。

第一，加强立法工作。例如，1987 年欧洲的《莱茵河行动计划》和 2015 年美国的《美国最大河流修复计划》等，均通过立法关注河流整体生态系统，提升流域栖息地数量、质量和多样性，恢复自然水文及其连通性。

第二，制定综合规划，统筹资源利用。流域的综合规划主要是从战略层面制定资源保护与利用的总体框架。例如，2011 年，美国田纳西河流域管理局编制《自然资源规划》，指导未来 20 年的资源生态管理工作，从生物、文化、娱乐、水、公众参与、水库与土地规划 6 个方面制定发展目标和实施策略；2011 年，欧盟制定《多瑙河区域欧盟战略》，为协调各国的治理职责提供综合框架和跨国协作方案，制定了流域区际联通、环境保护、繁荣发展和协同治理的宏观发展战略，并提出了多式联运、可再生能源、环境风险等 12 个优先发展领域。

第三，统筹空间规划与水治理。例如，荷兰通过划分次区域对水资源进行管控治理，并将水资源作为空间规划的重要内容，以水系统为空间选择的依据。

第四，建立合作组织，重视跨区协作。建立流域协调管理机构，并通过完善流域合作治理机制，完成流域规划编制，加强区域间流域治理。例如，莱茵河—多瑙河流域通过国家间的密切合作，共同保护、开发利用莱茵河流域资源。在密西西比河流域的规划与管理工作中，美国于 1994 年成立了专门的保护委员会，致力于协调在流域资源开放利用方面的多方合作问题，以促进生态环境恢复和资源的高效、合理利用。

（四）产业结构优化和布局方面

通过产业转型升级降低生产活动的环境负外部性，是流域生态保护和资源高效利用的有效手段。在转型升级过程中，密西西比河流域的服务业逐步取代制造业，而制造业通过产业升级改造开展清洁生产，减少石化产业比重，以食品工业、原材料产业和装备制造业为主，很大程度上降低了污染排放。莱茵河流域的德国鲁尔地区通过制造业转型升级，向高端化发展，鼓励优先发展诸生物医药、电子信息等高新技术产业和文创类文化产业。

在产业布局方面，重视流域生态功能和旅游功能的开发利用。早在 20 世纪 80 年代，美国就在密西西比河流域建立了休闲区，并将部分河段及其周边土地整体纳入国家公园体系。旅游业的发展促进了沿线地区的劳动就业和岗位收入，并随着生态环境的改善，促进了流域地区物种多样性的恢复。在农业发展方面，大力推广有机农业。例如，欧盟制定了有机农业生产规则从而减少农业面源污染对河流的影响，这一举措极大地提高了莱茵河—多瑙河流域有机农业耕地总量占欧盟耕地总面积的比重。

二、对我国黄河流域生态环境保护与全面高质量发展的启示

（一）充分重视黄河流域能源开发与运输基础设施建设

国际上的大河流域多充分利用降水丰富和落差较高的河流禀赋，大力发展航运和水电，为本国经济的发展提供了动力和能源保障。而黄河流域的上游和下游的大部分区域处于较干旱的地区，平均年降水量较低，航运开发难度较大，但是其中游具有一定的航运开发条件。

在此情况下，应充分认识到挖掘黄河航运发展潜能对黄河流域乃至我国区域经济发展的重要意义，通过科学技术手段解决航运发展中的关键技术问题，做好黄河中游航运开发的前期准备工作，恢复与发展黄河中游航运。更为重要的是，黄河流域是中国煤炭和电力最主要的生产基地与供应基地，未来黄河流域的开发应大力促进煤炭清洁高效利用，加大水电开发力度，为黄河流域各省区的经济和生活需求建立可持续的能源保障。此外，黄河流域虽不具备通江达海的条件，但仍可以如同莱茵河与多瑙河一样通过统筹水路、铁路和公路基础设施的建设，上游地区要注重补齐交通短板，中下游地区要注重大通道大枢纽建设，使得上中下游三大区域实现联动发展，以提高物流运输的效率和优化运输结构。

（二）精心打造跨区域的黄河流域产业经济带

黄河流域尚未形成有竞争力的产业经济带的原因除了其所处地理位置的自然条件限制以外，更关键的是由于目前黄河流域经济的发展仍然深受"行政区经济"的困扰：纵向上，我国行政区划有严格的自上而下的级别隶属关系；横向上，同级别行政区之间竞争关系和分割现象明显，经济要素无法以黄河为载体在流域各地区之间进行配置。世界上繁荣的大河流域经济带多是突破国家边界的，因此，黄河流域需要实现跨越行政边界区域的产业协同，在流域内建立相互促进的流域经济格局，使流域经济向高质量发展方向靠拢。通过政策引导和相应的激励机制，使流域各地区在产业发展方面根据自身优势进行差异化选择，错位发展。黄河流域以第一产业和第二产业为主的地区较多，这些地区可以通过发展技术密集型的高新技术产业寻求产业的升级。黄河流域经济建设要通过流域各地区间的产业分工合作，促进产业链在流域各地区间形成横向和纵向的贯通链接，在流域内构建多中心、网络式的产业体系，使流域内各地区都能形成支柱产业和特色产业，形成相应的产业集群，打造层次分明、功能互补的流域经济带。

（三）积极构建跨区域的黄河综合治理机构

从国际经验来看，欧洲的 ICPR 和 ICPDR、美国的 TVA 作为流域合作治理组织机构，打破了原有政治和行政边界，协调流域各国或地区进行协同合作，在流域开发治理过程中发挥着至关重要的作用。目前黄河流域的最高一级管理机构是黄河委员会，其缺乏全流域、全方位、多领域治理的实际权力，既难以协调流域内各地方政府的利益冲突，也难以承担黄河流域的统一管理职能。黄河流域内协同合作机制的缺失，导致了流域治理的碎片化局面，各行政区各自为政，上下游难以协调，流域的统一管理措施也难以得到有效实施，严重影响了流域治理成效。因此，有必要成立跨行政区划的、有实权的黄河综合治理机构来统一协调流域内各地方的治理和从长远角度进行统一规划。首先，要构建类似于 ICPR 等的以黄河流域为中心的综合治理机构，统一流域内各地区的治理目标，打破以地理为行政边界的治理格局，聚集流域内各地区的治理力量。其次，要明确综合治理机构的职能分配和对各地区涉水部门职能的统筹安排，确保从决策制定到计划实施各个治理环节的顺利落实。最后，可借鉴美国 TVA 经验，将该机构的政府职能与市场化模式融合发展，通过市场化的模式提高治理效率，如借鉴 TVA 通过发行债券来拓宽融资渠道，以减轻财政压力，并且可以倒逼该机构增强自身盈利能力和管理效率。

（四）尽快建立健全黄河流域合作治理法规与规划

黄河流经省区众多，自然资源禀赋和生态环境有其特殊性和复杂性，单靠目前分散的规章制度和地方性法规，不足以协调流域内各地区、各部门、各主体的利益冲突，需要对黄河的治理进行国家层面的立法，对全流域层面的综合性法律"立规矩"，以解决黄河流域内行政区各自为政、难以有效管理的问题，对黄河流域的特殊性问题实施针对性的举措，统一流域内生态环境保护管理规范，从而为黄河的综合治理提供法律保障。同时还要适时地、及时地依据黄河流域的发展现状和治理现状，制定目标明确和内容清晰的黄河流域合作治理规划，以指引治理行动的开展。还可建立一套完善的激励制度，将黄河流域高质量发展相关的绩效指标纳入政绩考核体系，并采取措施监督以杜绝为满足政绩的无效治理行为。另外，黄河流域治理的规划要具备系统性，将治理规划与区域发展规划高度统一；要注重规划连续性，结合黄河流域各阶段的实际治理情况，统筹考虑已制定的规划，适时更新和加强，明确规划目标，细化行动方案；要注重科学性，将科学治理作为贯穿整个治理过程的宗旨和纲领。

（五）大力推动黄河流域生态保护与经济发展的协同共进

莱茵河与多瑙河流域的发展经验表明，"先开发后治理"或是"先治理后开发"的流域管理模式都将给流域的可持续发展带来了一定的负面影响。流域的开发和治理并非对立的两个方面，既需要对流域进行开发，以满足社会经济发展的资源需求，同时也需要通过对流域的治理，保证流域资源得以可持续的利用。在美国田纳西河流域治理中，TVA 重视了生态环境和自然资源的保护，保障了该流域生态环境的改善，在 TVA 的治理下田纳西河流域不仅经济迅速发展，而且还通过丰富的自然资源吸引了无数游客。

黄河流域要想高质量发展，首先，需要在综合治理组织的指导下寻求生态保护和资源开发目标的协调统一。其次，在开发和治理的具体管理手段方面，流域开发项目需要同时考虑其环境效益，并积极应用新技术建立流域监测和预测体制，对经济活动可能带来的环境影响做出事前评估。最后，流域治理项目也需要同时考虑治理方法和手段的经济性和技术性，并尽可能使治理的收益成本之比最大化。

总之，黄河流域的高质量发展最终要以可持续发展为出发点，切实处理好流域环境保护与经济发展的关系，大力推动黄河流域生态保护与经济发展的协同共进。

第五章　黄河流域生态环境保护
与全面高质量发展的相关理论

保护好黄河流域生态环境，促进沿黄地区经济高质量发展，是协调黄河水沙关系、缓解水资源供需矛盾、保障黄河安澜的迫切需要。本章分为黄河流域生态环境保护与全面高质量发展的总体思路、黄河流域生态环境保护与全面高质量发展的协同性、黄河流域生态环境保护与全面高质量发展的必要性三部分。

第一节　黄河流域生态环境保护
与全面高质量发展的总体思路

一、发展路径上的思路

（一）实现"三方"有机结合

"三方"为生态保护、高质量发展和民生改善。黄河流域生态意义重大、生态环境脆弱，一方面，必须坚持生态优先，将环境承载力作为开发建设全过程的"红线"，实施最严格的生态保护政策，以此倒逼产业转型，使土地、水等资源要素得到更加高效的利用，推动高质量发展。另一方面，要把高质量发展作为生态保护的重要支撑，通过支持绿色清洁产业发展，吸纳传统产业就业，推动生产方式绿色化、清洁化；通过支持环境承载力高的区域和中心城市发展，吸引环境承载力较低区域人口转移，推动经济社会活动与环境承载力相匹配。

同时，要在生态保护和高质量发展中不断改善民生，通过建立生态横向补偿机制，畅通"绿水青山"向"金山银山"的转化途径，补偿生态保护重点地区损失的发展机会；通过提升绿色清洁产业就业的数量和质量，提供更多生态公益性岗位，在生产方式转型过程中提高民众收入水平。

（二）加强生态保护，推进环境治理

黄河流域贯穿我国东、中、西部地区，连接青藏高原、黄土高原及华北平原，拥有三江源、祁连山等多个生态功能区，沟通干旱、半干旱和半湿润地区，是我国重要的生态廊道。黄河流域具有重要的生态地位，生态资源禀赋高，流域包括高原、沙漠、湖泊、湿地等多种地质地貌类型，但黄河流域沿线生态屏障较为脆弱、生态保护和经济发展的矛盾依然突出、人地关系紧张等问题制约着黄河流域的生态保护和治理工作。加强黄河流域的生态保护和环境治理，对于促进黄河流域生态高质量发展、提高生态环境竞争力具有重要作用，能够进一步提升黄河流域的整体旅游竞争力水平。黄河生态系统是一个有机整体，但不同区域存在着不同的差异和特征。因此需要因地制宜地采取措施，各区域协同治理，共同促进全流域的高质量发展。

黄河上游地区流经我国青海、四川、甘肃、宁夏、内蒙古五省区，途径干旱、半干旱地区，该河段生态系统薄弱、气候条件较为恶劣，容易受到人为活动的影响和破坏，而且宁蒙河段凌汛问题突出。针对黄河上游问题，应加强植树造林，提高当地的生态环境质量和水源涵养能力；构建生态保护体系，减少环境污染以及耕地开垦、经济开发和旅游开发等活动对生态环境的破坏；对已受影响和破坏的生态保护进行生态修复与建设，提高源头地区的生态涵养能力和生物多样性；合理开发利用黄河水资源，加强宁蒙河段凌汛监督和疏通工程，采取措施和手段及时疏通河道，缓解凌汛问题。

黄河中游地区主要流经我国陕西、山西、河南三省，位于黄土高原地区，生态系统脆弱，水土流失严重，受人为活动的影响较大，环境破坏和水沙问题严重。因此中游地区应退耕还林还草，严控土地开垦、采矿、畜牧等活动，改善土地荒漠化和水土流失等问题；加强植树种草，建立生态保护和修复工程，提高流域环境质量；改善环境污染、水污染状况，减少人为活动对当地生态环境的破坏；加强河道治理工程，完善水沙调控机制，综合治理黄河沿线水土流失和水沙问题。

黄河下流地区主要流经山东省，位于华北平原地区，地势较为平坦，中游地区水土流失导致的大量泥沙在此沉淀累积，形成地上悬河，夏季丰水期易发生洪涝灾害。因此下游地区应适时加固黄河大堤，加强黄河沿线植树造林，定期实施清淤项目，治理黄河水沙，保护沿线村庄和农田不受水患侵害；黄河入海口地区应以保护为主，维系黄河三角洲湿地生态系统的完整性，减少人为活动影响，提高生物多样性。

二、空间布局上的思路

（一）提升核心城市竞争力，构建区域一体化的高质量协同发展格局

在流域发展过程中，区域间发展不平衡的问题普遍存在，与边缘城市相比，区域中心城市在流域发展中起着更为重要的龙头作用和引领示范作用。济南、青岛、郑州、西安、太原、兰州、宁夏、呼和浩特八大城市作为黄河流域各大城市群的中心城市，其在全流域中人口首位度和经济集中度均不高，与长江经济带、京津冀地区、粤港澳大湾区相比，缺乏具有绝对发展优势的首要核心城市。

目前作为黄河流域经济发展具有绝对优势的山东半岛城市群，应当充分发挥黄河流域高质量发展的引领和示范作用，而作为山东半岛城市群的两大核心城市济南和青岛，便成为黄河流域首要核心城市的首选。与青岛相比，济南具有地理位置上的优越性，但目前发展势头和经济体量均落后于青岛市。济南应站在更大的区域格局上，立足黄河流域高质量发展战略，重新谋划城市定位，扛起黄河流域高质量发展的大旗，体现济南应有的担当。就人口规模而言，济南应率先打破行政区划限制，加大人才落户配套措施，吸引高素质人才在济南安家落户，同时加快合村并居及城乡一体化建设，切实提高省会城市的人口首位度。经济发展层面，济南市作为沿黄重要节点城市，应积极抓住莱芜并入的优势，合理配置城市资源，着力突破黄河阻碍，加强北跨东进的速度和强度，大力拓展城市发展空间；同时，借助新旧动能转换示范区契机，通过产业转移和资源溢出带动淄博、德州、泰安等周边城市的发展，推动与郑州都市圈的对接合作，引领山东半岛中西部地区与中原地区的协同发展，切实壮大济南都市圈的整体实力。就青岛市而言，要以山东半岛国家蓝色战略为机遇，依托海洋优势，深度融入国家开放战略，加快科技金融中心建设步伐，助推蓝色硅谷建设；同时，要致力于创新国际合作形式和合作平台，扩大外向经济合作的"朋友圈"建设，充分发挥开放型经济平台的引领示范作用，助推海洋强国建设，着力提升青岛都市圈的经济水平。

在此基础上，多措并举加快济青城市建设，充盈城区人口，推进超大城市的建设步伐，完善全流域城市层次结构，形成超大城市、特大城市、大城市、中等城市和小城市五层次连续性的城市等级结构，全方位推进流域城市等级规模体系建设，构建完备的流域城市等级体系网络。与此同时，充分发挥流域内不同城市群和不同省份的优势条件，通过制定流域发展规划等明确各自发展定位，以流域发展的整体性、系统性和协同性为基础，确定不同城市群和不同省市的发展方向

和发展路径，充分实现流域内区域间、城市群间、省份间和地市间经济发展的协调联动性，实现全流域优势互补，从而构建黄河流域空间一体化的高质量协同发展格局。

（二）实现统筹谋划和因地制宜有机结合

一方面，黄河治理是一个系统工程，必须统筹谋划。以水沙调节为例，黄河水患虽然出现在下游，但导致下游河道抬升的泥沙大多源于中游，而黄河来水又主要源自上游，因而必须协同推进下游滩区治理与防洪建设、中游水土流失治理和上游水源地保护。又如，破解水资源供求矛盾，必须使其在全流域实现最有效利用，并保证沿线居民公平的用水机会。

另一方面，黄河流域横跨我国北方东、中、西三大地理阶梯，以及半湿润、半干旱、干旱三大气候带，不同区域自然条件、人口密度、经济水平差别很大，生态保护和高质量发展面临的主要难点也并不相同，在产业选择、环境治理、人口布局等方面必须因地制宜，不能简单"一刀切"。因此，必须在中央与地方、地方与地方、政府与市场之间形成合力，在环境治理、产业发展、空间布局等方面制定更加详细的规划，在促进流域整体公共利益最大化的前提下发挥地方自主性，在充分加强相关法规和规划约束作用的前提下发挥市场引导作用。

（三）强化生态环境协同治理，为实现流域高质量发展提供环境保障

实现黄河流域高质量发展的关键在于黄河流域生态绿色带建设的成效，转变传统发展模式中唯经济论或为保护而不开发的局限，在实施绿色生态保护中发展流域经济，注重黄河流域生态环境的分段保护，协调发挥各地区的比较优势，在生态环境协同治理中实现流域的高质量发展。以"七群三区"为基础，协调推进黄河流域人与自然的和谐发展。

"七群"是指流域内山东半岛、中原、兰西、关中、银川平原、太原、呼包鄂榆七大城市群。七大城市群是黄河流域人口、资金、技术等发展要素的重要集聚区。要充分借助各大城市群的发展优势，在助力流域高质量发展的同时积极探寻优化产业结构升级、实现绿色发展的新路子。

"三区"是指流域内华北平原现代化高质量发展区、黄土高原经济发展和生态保护协调发展区以及青藏高原重点保护与限制开发区，这三大区域充分体现了黄河流域东、中、西不同的地理环境特点和流域的区域发展差异。

"七群三区"的划分符合黄河流域经济社会发展的现实状况，有利于推进"上

中下游、干流支流"分类施策，共抓大保护，协同推进大治理，促进全流域的高质量发展。推进区域生态一体化建设，建立流域生态管控机制，联防联控区域性生态环境问题。通过编制城市群、省域或地市的国土空间规划，完善流域在国土开发和生态管控方面的协调机制，解决矛盾冲突，实现流域内不同地区在生态保护、产业发展、环境治理方面的空间协同。切实完善流域内生态管控和补偿机制，强化区域生态系统的协同保护，构建以水系为主线，以山地为生态屏障的跨区域生态保护的协调和衔接，推进重点区域的生态修复工程，共同防治流域严重的水土流失。受产业基础的影响，黄河流域环境空气质量状况和水环境状况不容乐观，通过健全流域环境治理和管控机制，实现流域内大气污染、土壤污染以及水污染的联防联控，协调一致保护流域环境安全，构建生态绿色发展环境。

三、推动方式上的思路

（一）实现区域协同和内外联动有机结合

破解黄河流域生态保护和高质量发展面临的制约，需要从流域内部和流域外部两个方面着力。

一方面，需要加强流域内部的区域协同。要共抓大保护，增强不同地区环境治理举措的耦合性，促进生态环境协同共治；要加强交通基础设施互联互通，推动商品和要素市场一体化，优化资源要素空间配置；要整合科技资源，加强创新协作，协同促进产业转型升级；要加大中心城市对周边区域的辐射带动作用，提升基本公共服务均等化，促进发展成果共享。

另一方面，需要加强流域外部的支持力度。要优化生产力布局，依托基础条件较好的区域中心城市，在重大数字基础设施建设、科技资源投入等方面加大支持力度，为流域产业转型升级创造物质、技术和智力条件；要加大转移支付力度，特别是对上游水源涵养区、中游"多沙粗沙区"、下游滩区等生态治理任务重而自身财力薄弱的地区提供稳定的财政支持，推动经济优势地区在资金、产业、人才等多个方面对口支持其发展；要依托"一带一路"倡议积极参与国际大循环，进一步加强与京津冀、长三角、粤港澳、成渝等国家重大战略区域的联系，更好地融入国家发展大局。

（二）推动经济协作，改善社会民生

黄河流域是华夏民族的重要生活生产区和人口聚集区，是我国重要的经济地带。区域内有内蒙古和青海两大牧区，畜牧业发达；有河套平原、汾渭平原等农

产品主产区，农业发达；石油、煤炭、天然气等储量丰富，能源资源丰富。推动黄河流域沿线社会经济的高质量发展，是促进黄河流域生态保护和环境治理的必然要求，同时能够进一步促进黄河流域整体旅游竞争力的提升。

黄河流域沿线各地区差异较大，在社会经济发展方面也应遵循因地制宜的基本原则，根据不同区域的差异和特点，开展不同的经济发展模式。

黄河上游地区生态环境较为脆弱，社会经济发展要以生态环境保护为前提。坚持宜水则水、宜山则山的原则，以生态保护为主，创造生态产品；持续加强黄河上游地区的生态扶贫，提高公共服务水平和基础设施建设，巩固脱贫攻坚成果；引进高新技术人员及战略技术人员，发展战略新兴产业，促进西部地区传统产业转型升级，提高社会经济发展水平；积极对接"一带一路"发展倡议，不断提高对外开放水平，促进区域的协调发展，逐步与国际接轨。

黄河中游的汾渭平原、黄淮海平原以及上游地区的河套平原地势平坦、水源充足，是我国重要的农业生产基地。坚持宜粮则粮、宜农则农的原则，以发展绿色现代农业为主，改善耕作和灌溉技术，提高农业用水效率；进一步提高农产品质量，促进农业的高质量发展；不断缩小城乡收入差距，解决好流域内人民群众关心的生态、防洪、居住以及饮水等方面的安全问题，保障和改善经济民生发展质量。

黄河下游有关中平原城市群、山东半岛城市群等城市化地区，应坚持宜工则工、宜商则商的原则，发展战略新兴产业和高科技技术产业，不断提高经济创新能力和创新效率；中心城市及经济发展水平较高区域以发展二、三产业为主体，进行集约化发展，不断提高人口和经济承载能力；提高全要素生产率，构建现代化产业发展体系，促进经济的高质量发展；完善黄河中下游滩区迁建工程，提高流域内居民的居住安全性，持续改善居民的生产生活条件；坚持深化改革开放，不断提高对外开放水平。

目前，黄河流域各区域之间的联系与合作较弱，一定程度上与黄河不具备通航功能有关，在日后发展过程中，各区域要加强区域间的合作与联系。加快建设黄河"几字弯"中心城市群，积极发挥协调带动作用，推动经济和社会高质量发展；不断完善交通基础设施，提高市场化水平，充分发挥市场的作用；继续加快旅游扶贫步伐，建立返贫监测机制和区域帮扶机制，巩固脱贫攻坚成果，不断加快乡村振兴和农业农村现代化建设；统筹协调全流域发展，提高流域内经济发展水平和社会民生水平，实现黄河流域高质量发展。

（三）优化产业结构、增加科学技术研发投入

虽然黄河流域整体与内部城市群的经济结构指数呈逐渐增长的趋势，其产业结构也有了明显的改善与提高。但是通过分析得知，黄河流域整体以及内部宁夏沿黄城市群、呼包鄂榆城市群与晋中城市群经济发展与生态环境质量耦合协调度水平依然受经济结构的影响。虽然产业结构的不合理会在一定程度上促进经济发展，但同时会给生态环境质量造成极大的影响，因此需要调整与优化产业结构。

一是黄河流域整体以及内部宁夏沿黄城市群、呼包鄂榆城市群与晋中城市群应重点发展第三产业，重点发展科技密集型产业与绿色产业。二是优化第二产业内部结构，重点对能耗低的高新技术产业进行发展。三是不仅要加强核心城市群的主导作用，加强城市群之间的合作，而且要发挥城市群内部中心城市的主导作用。兰州市、银川市、呼和浩特市、西安市、太原市、郑州市与济南市要发挥中心城市的主导作用，从而带动耦合协调发展较差的边缘城市。

第二节　黄河流域生态环境保护
与全面高质量发展的协同性

一、生态环境保护和高质量发展的协同性内涵

（一）整体性

整体性是指将黄河流域看作一个完整的生命体加以保护，如果各省份"各自为政、以邻为壑"，必将影响到整个流域的生产、生活和生态环境。例如，上中游地区存在"水少沙多、水沙关系不协调"的问题，这一问题会加剧下游河道泥沙淤积、造成洪水威胁、严重制约相关地区经济社会的健康发展。因此，应当将其视为一个完整的生命体加以统筹规划，形成生态、经济、社会等共同体。

（二）系统性

系统性是指从生态系统、经济系统、社会系统、人与自然协调发展等系统的视角对黄河流域发展进行规划，否则，有可能影响到黄河流域的生态、经济和社会安全等，引发系统性风险，以至影响整个国家的生态安全和高质量发展。

（三）协同性

协同性是指综合整体性和系统性，即协调黄河流域生态保护和高质量发展之

间的关系、黄河流域各省份之间的关系，在保护生态的同时考虑经济增长，在发展经济的同时注重生态保护，避免生态保护和高质量发展相互制约、相邻省份或区域相互制约，统筹推进上中下游、干流支流、左右两岸的保护和治理，使得生态保护和高质量发展相互促进。

二、生态环境保护和高质量发展的协同作用机制

我国有部分学者认为高质量发展的目标既涉及经济的可持续增长，又兼顾生态保护，生态保护与高质量发展是相辅相成的，同时也是相互渗透、相互影响的，并根据"绿水青山就是金山银山"的理念构建高质量发展和生态保护耦合机理框架。习近平总书记在黄河座谈会中指出"黄河流域生态保护是高质量发展的基础和前提，高质量发展为开展生态保护做支撑，二者相互促进，协同发展"。

因此，我们可以根据二者的相互作用关系，构建黄河流域生态保护和高质量发展协同机制分析框架，如图 5-1 所示。生态保护和高质量发展相互促进，相互制约，协同发展。不重视生态保护，会破坏生态环境，加大资源高负载压力，制约高质量发展；不重视高质量发展，会造成资源过度消耗、污染物过度排放，对生态环境的破坏大于治理和修复，胁迫生态保护。黄河流域是我国经济社会发展的重点区域，也是发展与保护矛盾比较突出的区域，因此处理好黄河流域生态保护与高质量发展的关系，推进二者协调发展对深化落实"创新、协调、绿色、开放、共享"的发展理念，形成新的发展格局和模式具有重要的战略意义。

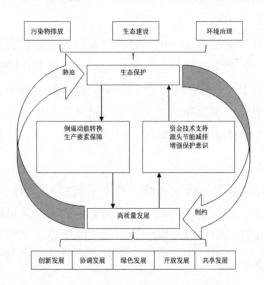

图 5-1　黄河流域生态保护和高质量发展协同机制分析框架

生态保护侧重指保护生物赖以生存的生态环境，其中最重要的是协调经济和环境之间的关系。PSR 模型（Pressure-State-Response）是目前用于评价区域生态状况较成熟的方法之一，该模型包括压力、状态和响应指标。其中，压力指标指人类的经济、社会活动等对环境的影响；状态指标指特定时间阶段的环境状态和环境变化情况；响应指标指人类采取的措施，这些措施旨在减轻、阻止、恢复和预防各种活动对环境带来的负面影响。借鉴 PSR 评价模型逻辑思路，选择污染物排放作为生态保护的压力指标、生态建设作为状态指标、污染治理作为响应指标，体现人与自然之间的相互关系，综合反映生态保护。

（一）生态保护对高质量发展的作用机制

1. 生态保护助推高质量发展

污染物排放不仅破坏生态环境，还会制约经济高质量发展，以往我们国家处于粗放式经济发展模式，生态保护方式是"源头排放、末端集中治理"，存在着过度排放、治理跟不上排放的速度等问题，对生态环境造成了极大的破坏。随着经济发展方式的转变，生态保护方式由"末端治理"转向"源头防控"，减少了污染物排放；"源头防控"的生态保护方式倒逼经济发展新旧动能转换，推动经济发展模式转变，助推经济高质量发展。

另外，生态资源具有财富增值功能，首先通过"价值化"和"市场化"将生态资源转化为生态产品，其次通过生态补偿、绿色金融等方式实现生态资源向生态资产的转化，最后通过生态运营和生态资产向生态资本的转化，实现生态资源的财富增值和积累，助推高质量发展。因此，生态保护可从转变经济发展模式和实现生态资源财富价值两方面助推高质量发展。

2. 生态保护为高质量发展提供生产要素保障

资源环境高负载是黄河流域人地关系的基本状态，黄河流域具备适宜农业文明发展的自然环境和支撑工业化发展所需关键资源的优势，但其长期处于高强度的开发中，使流域资源环境处于高负载的状态，尤其是水资源。水资源开发利用率高达 80%，远超 40% 的生态警戒线，水资源短缺、利用不合理、水沙关系不协调等严重制约着黄河流域经济发展。对已遭到破坏的森林、农田、水等生态进行修复，可以缓解资源高负载压力，为高质量发展提供生产要素保障。

（二）高质量发展对生态保护的作用机制

1.高质量发展增强人民生态保护意识

高质量发展过程中伴随着生活水平的提升，公众对高品质生态产品与生态服务的需求也会迅速增长，生态保护意识也会随之增强。政府为了满足群众日益增长的生态服务需求，也会加大对各项生态保护制度的供给。这两方面都有利于生态保护水平的提高。

2.高质量发展为生态保护提供资金和技术支持

环境治理和生态修复需要资金和技术支撑，创新发展为环境治理和生态保护提供技术支持，开放发展可以引进外资和技术，因此在高质量发展阶段，政府有足够的经济和技术基础进行环境治理和生态修复。技术进步还会促进产业转型，实现清洁能源的开采、能源重复利用等，提高生产效率，减少环境污染和生态破坏，降低环境治理和生态修复的难度。

3.高质量发展实现源头节能减排，减轻生态保护压力

高质量发展要求产业协调发展，实现产业结构合理化和生产技术进步，能带来结构效应和技术效应，使传统"高能耗、高排放、低产出"的产业向"低能耗、低排放、高产出"的方向转变，这能够减少单位产出的污染排放、资源消耗和生态破坏，最终通过源头防控达到促进生态保护的目的。

第三节　黄河流域生态环境保护
与全面高质量发展的必要性

一、有利于实现新时代黄河流域治理的新要求

2019年9月18日习近平总书记在黄河流域生态保护和高质量发展座谈会上发表了一系列重要讲话，会议首先将"保护黄河"定位为事关中华民族伟大复兴的千秋大计，指出了黄河流域对于我国经济社会发展以及生态环境安全的重要意义；其次肯定了新中国成立以来黄河流域在水沙治理、生态环境、发展水平上取得的巨大成就，同时也让我们清醒地认识到黄河流域治理仍然面对着洪水威胁、生态环境脆弱、水资源保障形势严峻以及发展质量不足等诸多困难和问题；最后更是针对黄河流域治理中的问题提出了新的目标和要求。

（一）加强生态环境的保护

长期以来，党和国家都高度重视黄河流域的治理难题，不断寻找新方法、新举措解决治理难题，但从实际来看，治理效果差强人意，仍然未能达到新时代黄河流域治理的新要求。从根本上来说，核心原因仍然在于整个黄河流域的生态系统较为脆弱。伴随着中国特色社会主义进入了新时代，我国社会主要矛盾发生了转变，人民对于美好生活的向往更需要优美舒适的自然环境，需要良好的生态环境，对于"蓝天绿水"有了更深的期待和向往。因此，流域生态系统的恢复和良好发展不仅关系到黄河沿岸居民正常的生产生活，也是推动黄河流域实现高质量、全方位发展的基础和前提。然而，治理流域问题需要坚持整体性思维，综合施策。所以我们在未来的发展战略中，依然要坚持底线思维，以秉承保护为第一原则，严守黄河流域生态环境的保护底线，加强流域生态建设，加大污染的防治力度，自觉树立保护意识，从一草一木做起，让黄河流域恢复以往的生机与活力，带给沿岸人民更多的便利，成为人人爱、人人赞的母亲河。

（二）保护黄河长治久安

自古以来，防洪治水一直是中华民族安邦定国的大事，古有"大禹治水，三过家门而不入"的治水传奇，当今社会虽然科学技术在不断发展，人们利用自然、改造自然的能力也在不断提高，但是依然不能够忽视自然的力量，蔑视自然规律，要树立尊重自然、顺应自然的观念，加强生态环境的保护。促进黄河流域的高质量发展首先要保证黄河的长治久安，我们国家每年都会发生不同程度的洪水灾害，灾害不仅会带来经济上的损失，更会危及流域内百姓的生命安全，一旦爆发，后果将不堪设想。所以黄河流域治理过程中所面对的安全问题仍然是整个治理过程的关键所在，因此，我们在治理过程中要培养危机意识，居安思危，同时也要重视加强对于黄河堤岸的管理，在日常的维护中及时发现危险，消除危险因素，实现人水关系和谐发展。

（三）推进水资源节约集约

我国地大物博，水资源丰富，但人口基数庞大，导致一直都面临着人多水少的现实困扰，同时也面临着地域水资源差异巨大的现实难题。水既是保障民生的基础性自然资源，更是关系到经济社会发展的战略性资源，对我们的生产生活有着巨大的影响。随着社会生产力水平的不断提高和人口用水量的增大，我国面临的用水形势也愈发严峻，尽管随着"南水北调"等基础性工程的推进和实施，我国南北差异的情况有所缓解，但仍然有着巨大的压力。黄河作为我国第二大河流，蕴含的水资源极为丰富，为了保证水安全和水资源的可持续利用，进一步满足沿岸人民的生产生活需要，故而要持续加快推进黄河用水方式从粗放型向集约型转变。始终坚持以水定需，以水定产的用水理念，从源头上减少不合理的用水需求，加强水资源的规范管理，从而实现水资源的科学配置。同时也要自上而下地养成节水意识、水忧患意识，加大关于水资源保护的宣传力度，以体制机制的创新形成按需用水的刚性约束，通过制度和文化两种手段，由内而外地推进水资源的节约集约利用。

（四）推动黄河流域高质量发展

高质量发展是指一个地区社会经济发展到一定阶段，为提高全要素生产率和建设现代化经济体制而采取的转变发展方式、优化经济结构、转换增长动力等重大举措，以实现更高质量、更有效率、更加公平的发展。黄河共流经 9 个省区，最后注入渤海，对于沿岸省份来说不仅具有重要的生态屏障功能，还制约着经济社会的可持续发展。沿黄 9 省区大多在北方地区，是农业、工业生产的主要聚集地，并且都面临着实现转型跨越发展的巨大压力，因此推动黄河流域的高质量发展在一定程度上有利于缩小我国南北区域的发展差异，高效协调上下游、左右岸共同发展。另外，黄河流域地区由于受到地理位置、生态环境的多重制约，贫困地区数量较多，只有充分发挥本土优势，大力发展本土特色农业、产业才能打赢这场脱贫攻坚仗，达到改善民生、造福沿岸百姓的最终目标。总而言之，发挥黄河的中间纽带作用，坚持以科技创新作为治水手段，科学用水，合理规划，在维持黄河生态平衡的前提之上，合理利用生态资源，不断增强黄河流域的核心竞争力，助推其高质量发展。

（五）保护、传承、弘扬黄河文化

黄河自古以来被誉为"母亲河"，是华夏文明的发源地，养育了一代又一代的中华儿女。黄河文化更是中华文化的重要组成部分，是中华民族的根基和灵魂。保护黄河文化，实现黄河文化的传承与发展也是中华儿女的重要历史任务。首先要全面深刻地了解黄河文化发展的历史脉络，肯定它对于塑造中华民族精神品质的重要价值，同时将黄河流域地区的一些文化遗产有序完整地保护起来，成为彰显黄河文化博大精深的有力证明。习近平总书记认为，要传承黄河文化，深入挖掘黄河文化蕴含的时代价值，赋予其生机与活力，讲好"黄河故事"。弘扬黄河文化可以充分借助新媒体等舆论平台进行广泛的宣传，营造出浓厚的文化氛围，显现它独特的魅力，也要创新文化活动的形式，开展好各类文体活动，开设一批"主题活动"、打造一批"精品活动"、宣传一批"文化活动"，使有关黄河文化的宣传"走出去"，将好的保护方法与理念"引进来"。我们要始终牢记保护、传承、弘扬黄河文化是每一个中华儿女的责任和使命，这也是文化自信的具体表现。除此之外，文化所具有的潜移默化的作用，也能够时时影响人们的行为举止，进而在全社会形成一种由内而外自发地对黄河的保护意识，这对黄河流域的长效化治理有着重要的现实意义。

二、有利于完成新时代国家战略目标

在黄河流域的社会发展迈入新时代后，习近平总书记在中国优秀传统治水文化的滋养下，以马克思主义为认识工具，以中国共产党人的理论与实践为基础，提出了黄河流域生态保护与高质量发展一系列重要论述。这一重要论述是习近平总书记"绿水青山就是金山银山"的生态文明建设思想在黄河流域这一特定区域的派生，指明了新时代黄河流域在党和国家发展全局事业版图中的重要地位，总结了新中国成立以来中国共产党领导中国人民建设黄河流域中所取得的巨大成就，进一步分析了新时代黄河流域建设的不足与需要解决的难题。它集中体现在黄河流域生态保护和高质量发展的重大国家战略，提出了新时代黄河流域建设的目标与任务，是要以生态保护与高质量发展平衡好、协调好黄河流域的中国特色社会主义建设与脆弱的自然生态环境之间的关系，"让黄河成为造福人民的幸福河"，从而更好地构建人与自然的命运共同体，在黄河流域实现人与自然的和谐共生。

一方面，黄河流域生态保护和高质量发展的重大国家战略是新时代建设黄河流域的根本方法。黄河流域生态环境与人类社会发展的矛盾是一个在历史发展过程中不断积累的结果，但是不能让这个矛盾进一步恶化。为了解决好这个矛盾，黄河流域的建设工作既需要从统筹山水林田湖草生态系统与上中下游的空间均衡上进行综合治理，以整体性与系统性的眼光推进生态保护使黄河流域的生态环境与人居环境得到进一步改善；也需要坚持创新、协调、绿色、开放、共享的新发展理念，以经济的高质量发展保障人民的生活水平稳步提高。因此，习近平总书记在主持召开座谈会时从五个方面强调落实黄河流域生态保护和高质量发展的重大国家战略，"着力加强生态保护治理、保障黄河长治久安、促进全流域高质量发展、改善人民群众生活、保护传承弘扬黄河文化"。

另一方面，新时代建设黄河流域的根本目标是实现黄河流域生态保护和高质量发展的和谐共生。黄河流域的发展既要实现流域高质量发展的经济目标，也要追求人与自然和谐共生的生态目标。黄河流域的上中游的几个省区经济发展还较为落后，同东南沿海的省份发展存在较大差距，人民生活水平还不够高，在推进两个一百年奋斗目标的关键节点，实现黄河流域社会经济发展水平的提高是新时代黄河流域建设应实现的任务之一。同时，党的十八大明确将生态文明建设纳入中国特色社会主义建设五位一体总体布局中，2019年9月18日，习近平总书记在郑州主持召开黄河流域生态保护和高质量发展座谈会并发表重要讲话，在会议上提出了"黄河流域生态保护和高质量发展"的重大国家战略，标志着这一战略自此将与京津冀协同发展、长江经济带发展、粤港澳大湾区建设、长三角一体化发展等共同成为重大国家战略。2021年10月8日，中共中央、国务院发布《黄河流域生态保护和高质量发展规划纲要》，成为指导当前和今后一个时期黄河流域生态保护和高质量发展的纲领性文件。国家政策的提出和纲领性文件的发布对于推动黄河流域生态保护和高质量发展具有深远的历史意义和重大的战略意义。

黄河断流事件、水污染事件等都为黄河流域生态保护敲响了警钟，人类可以利用自然、改造自然，但归根结底是自然的一部分，必须呵护自然，不能凌驾于自然之上。黄河流域的建设不能单纯地只以经济发展为唯一衡量标准，美丽黄河、安全黄河、幸福黄河同样是每个沿黄人民心中的渴望，在黄河流域实现人与自然和谐共生的美好局面也是新时代黄河流域建设应完成的任务与使命。

黄河流域生态保护和高质量发展的重要论述是习近平总书记从战略高度上，从以人民为中心的角度出发而做出的重大战略判断，是解决好沿黄人民对美丽黄河的向往与黄河流域不平衡不充分的发展之间的矛盾的重大战略选择，是新时代黄河流域建设的重大国家战略。

三、有利于维护社会安定与民族团结

黄河流域生活着全国1/3的人口。长期以来，自然灾害频发，特别是水害严重，给沿黄百姓带来了深重灾难。中华五千年的历史长河中，黄河的数次决口使得无数中华百姓失去了自己赖以生存的家园，只能四处流亡，引起了社会的极大动乱与纷争，让整个神州大地都陷入战火纷飞的境况。

历史经验证明，"黄河宁，天下平"并不是一句空谈。如果没有黄河流域的安全与稳定作为保证，那么国家的安定也难以维持。因此，新中国成立以来，对黄河流域的治理始终是党和国家面临的重要任务。而黄河流域问题的复杂性与艰巨性始终是一个难题。站在新时代的时间方位上，习近平总书记指出解决黄河流域的治理与发展难题，要生态文明建设与社会经济发展两手抓。党中央看到了黄河流域的生态保护与高质量发展事关国家安定与发展的大局，将黄河流域生态保护与高质量发展列为重大国家发展战略，成为我国接下来中国特色社会主义建设的伟大目标之一。

同时，黄河还流经宁夏回族自治区和内蒙古自治区等少数民族聚居的地方，习近平总书记在考察宁夏时指出"中华民族是多元一体的伟大民族。全面建成小康社会，一个少数民族也不能少"。而黄河流域就呈现着汉、回、藏、蒙古、东乡、土、撒拉、保安等民族大杂居、小聚居和交错杂居的多民族聚居的特点。在黄河流域的所居住的人口中，少数民族大概占据了 1/10 左右。因而在黄河流域生态保护和高质量发展座谈会上，习近平总书记特别强调"解决好流域人民群众特别是少数民族群众关心的防洪安全、饮水安全、生态安全等问题，对维护社会稳定、促进民族团结具有重要意义"。

四、有利于满足人民日益增长的美好生活需要

人民对美好生活的向往始终是中国共产党的奋斗目标。美好生活最基础的莫过于人民能够安居乐业，但是长期以来，受生产力水平和社会制度的制约，再加上人为破坏，黄河屡治屡决的局面始终没有根本改观，黄河沿岸人民的美好愿望一直难以实现。依黄河而生、因黄河而兴的沿河人民最大的愿望也是最朴素的愿景就是黄河的持久安澜。这也应当是我们党新时期的义不容辞重要任务与使命，"让黄河成为造福人民的幸福河"。而黄河流域生态保护与高质量发展正是建设"幸福河"的必由之路，也是党和国家践行"发展为了人民、发展依靠人民、发展成果由人民共享"所做出的重大战略决策。只有通过黄河流域生态保护和高质量发展，才能不断满足人们对于美好环境的需要，对于安定生活的需要，对于社会发展的需要。这是我们党的初心与使命，不仅仅是过去时，也是现在时，更是将来时。

五、有利于促进人与自然和谐共生

绿水青山就是金山银山。人与自然是生命共同体，沿河人民与黄河是息息相通、命脉相系、融为一体的关系。黄河是中华民族的母体，它孕育了无数中华儿女，为我们提供了生存和发展的自然前提，是沿河人民安身立命的根基，也是我们绵延不断、代代相传的必要条件。人民生于斯，长于斯，更要保护它。

黄河流域生态保护和高质量发展是坚持尊重规律、顺应规律尊重自然、顺应

自然的科学判断。通过接续不断地治理，能够持续地改善黄河流域的环境质量，提升祁连山等重要生态保护区的生态系统质量和稳定性，全面地提高黄河流域水资源与能源资源等的利用效率，有利于"让人民群众在绿水青山中共享自然之美、生命之美、生活之美"。

六、有利于坚定文化自信

黄河流域生态保护与高质量发展不仅是一个经济问题、政治问题和生态问题，更是一个文化问题。因为黄河是中华文明的象征与标志，是中华民族精神的重要载体。黄河的意象代表的不只是这条河流，更代表着从半坡文明开始就孕育出的中华民族自立自强的精神根性，也是我们身体里奔腾着的文化血脉象征。黄河流域更是我们中国古代哲学思想的发祥地。这些都构成了伟大的黄河文明。黄河文明以其深厚隽永的精神品质，依旧能够为城乡一体化的新时代进程提供丰厚的精神滋养。讲好"黄河故事"，擦亮黄河符号，更是有利于我们促进优秀传统文化与新时代相融合从而实现中华文化的创新性发展。抛弃了黄河文明，就是抛弃了我们民族的根。习近平总书记强调"九曲黄河，奔腾向前，以百折不挠的磅礴气势塑造了中华民族自强不息的民族品格，是中华民族坚定文化自信的重要根基"。根据对于黄河流域治理实践的历史与现实考察，我们不难看出，面对新时代黄河流域保护与发展的新趋势新需要新机遇，谋划黄河流域生态保护与高质量发展，需要确立新的发展思路、发展方向和发展格局。习近平总书记关于黄河流域生态保护与高质量发展重要论述应运而生，这是在黄河流域治理的时代动力下催生出来的。

七、有利于促进经济高质量发展

以习近平同志为核心的党中央在深入考察我国经济形势后，提出了"我国经济已由高速增长阶段转向高质量发展阶段"的重大历史判断。这也成为我们当前和今后确定黄河流域的发展思路、制定相关的经济政策、实施流域统一宏观调控的根本依据。

"黄河流域生态保护和高质量发展"战略聚焦生态、经济两大主题，且将生态置于先行位置。这是因为黄河流域总体生态系统脆弱，水资源要素性短缺，原有的区域经济发展路径在汲取资源的同时，实际上忽视了生态可持续的稳健性。因此，新的黄河流域发展战略要摆脱原有的路径依赖，探索生态资源、水资源、经济发展、区域协调的统筹路径，从而达到优化资源配置、规模经济与效率经济的三重实现。从这个意义上讲，黄河流域以"生态先行"倒逼高质量发展，不仅具有促进经济增长的作用，还将具有抑制生态治理成本外溢、实现区域经济协调发展的作用。

黄河流域是我国重要的经济地带。贯彻新发展理念，坚持以人民为中心的黄河流域生态保护和高质量发展之路，有利于系统把握黄河流域经济社会发展的路径，以黄河流域生态保护和高质量发展为带动，促进沿河各省市经济共同发展。但目前，黄河流域现在的经济发展最主要的问题是发展质量不足。

总体来看，黄河流域的大部分属于我国发展不充分的地区，与长江流域相比存在明显差距。黄河流域内发展也存在明显差距，产业转型升级缺乏内生动力，上中游的七个省区同下游的山东与河南等地的发展极不平衡。整个"十三五"期间，黄河之源的"中国水塔"玉树州的年平均地区生产总值不到60亿，人均可支配收入不到2万元，居民主要的生活来源还是农业和畜牧业的收入，有许多历史遗留的重大生态项目问题亟待解决。与此相对应的是，位于黄河入海口的山东东营市，仅2020年的地区生产总值就已经达到了2981亿元，工业的转型升级初见成效，在高新技术产业和生物医药等新兴行业也已经崭露头角。但是，黄河流域的经济社会发展也有其优势，人口密度相对较低，更有雄厚的能源资源和完善的工业体系作为依托，有很大的发展空间。抓住新时代经济发展的战略机遇期，实现黄河流域的"后发制人"就要通过黄河流域生态保护和高质量发展的国家战略来补短板、强优势，不断提高黄河流域的发展质量，增加沿河人民的收入，促进沿河经济的高质量发展。

第六章　黄河上游生态环境保护
与全面高质量发展

黄河上游地区是中国贫困易发、高发的地区。在 2020 年打赢脱贫攻坚战的背景下，探讨该地区生态环境保护与全面高质量发展，对实现区域可持续发展具有重要指导意义。本章分为黄河上游流域生态与经济发展问题、黄河上游流域生态环境保护与全面高质量发展路径两部分。

第一节　黄河上游流域生态与经济发展问题

一、黄河上游流域生态环境现状

黄河上游段自河源起，至内蒙古自治区托克托县的河口镇止，河段全长3472 千米，流域面积 38.6 万平方千米，流域面积占全黄河流域总量的 51.3%。黄河上游段自然生态环境具有一般性问题和特殊性问题并存、区域内困境和区域间问题交织的特点。流域内生态优势显著，但是生态劣势也十分突出，呈现出环境重大风险和关键机遇并存的局面。

（一）黄河上游生态资源和生态环境概况

1. 生态资源

生态资源是指能够提供生态产品和服务的资源。这些生态产品和服务功能包括：可供呼吸的空气、湿地的水源涵养功能、蜜蜂授粉、生物种群多样性、森林固碳调节气候、土壤固氮以及提供审美与休闲服务等。

在国务院印发的《全国主体功能区区划》中，黄河上游大部分地区均被划为限制开发区域和禁止开发区域，其中仅有呼包鄂地区、宁夏沿黄地区以及兰州—西宁地区属于国家层面的重点开发区域；黄河上游属于国家限制开发类的重点生态功能区有 5 个，且这些重点生态功能区与上游甘青宁省市的国家级贫困县高度重叠；禁止开发类的国家级自然保护区有 25 个。这些生态功能区、自然保护区以及数目众多的国家森林公园、地质公园等赋予了黄河上游丰富的生物多样性，不可替代的生态地位以及不可复制的生态资源禀赋。

2. 生态环境

由于黄河上游所处青藏高原和黄土高原的特殊地理区位，其生态系统本身具有较大的脆弱性，在高原地形、干旱半干旱气候等复杂生态环境条件下，其支撑社会经济发展的环境承载力更加有限。全球气候变暖、人类过度放牧以及鼠虫灾害影响等都导致黄河上游的地下水、河流径流量、冻土厚度以及湖泊面积等生态指标在近几十年出现了下降，这种区域生态的深刻变化不仅影响到人类的生存环境，也直接影响着众多生物群落的栖息地，导致种群数量下降。黄河流域具有悠久的农业发展历史，整个流域的水资源、土地等要素长期处于较高强度的开发下，部分矿产资源和能源都已有较长时间的开采期，无节制的过度索取使得流域资源环境负载状态较高，特别是兰州、西宁等人口集聚的重要河谷盆地，由于人口的集中和传统重工业的分布使得污染治理一直处于紧张状态，但在经过近 20 年的生态治理，其环境已经得到较大幅度的改善。

黄河上游各市的绿地面积存在明显的递增趋势，PM2.5 指数呈显著降低态势，污水集中处理率逐年递增，这些指标的变化都反映了近些年人们生态保护意识的觉醒以及国家强力的环境治理与环境保护措施。上游地区的环境治理取得了良好的成效，工业污染、生活污染得到有效遏制，空气、绿地以及水源各项指标趋于改善。

（二）黄河上游生态保护现状及存在的问题

1. 分散的行政治理

现实而言，因行政区域分割与流域整体性、部门分治之间的矛盾，黄河上游生态保护治理模式在地理空间上仍存在分散化、碎片化的问题。

第一，划片而治的行政治理。实践中，我国的行政区划不以流域为基础，但是，根据《宪法》第三十条、第九十九条、第一百零四条、第一百零七条等有关规定，行政管理却以行政区划为界。因此，流域治理也遵循属地管理的原则，即各省、自治区、直辖市、市、县各级政府按照行政区划划分，对本区域内江河湖泊流域内的污染防治工作进行立法治理。流域与行政区域并非同一概念，每条河流都有自己的流域，一个大流域可以按照水系等级分成数个小流域，小流域又可以分成更小的流域等。于是自然分布的流域通常被忽视其整体性和系统性，人为分割，按行政区划进行管辖和治理，可谓之"铁路警察、各管一段"。黄河上游水体分别流经 5 个省级行政区，在行政治理中，不同行政区域之间"块块分割"。于是这 5 个不同的行政区域（省、区）管辖的现状层出不穷。

第二，治理目标和措施的差异。例如，黄河青海段属源头流域，生态保护的主要目标为涵养水源，同时治理工业、畜牧业以及农业造成的污染。青海省建立黄河流域管理保护机制，推进黄河青海流域源头治理，同时运用法治思维和法治方式统筹推进黄河青海流域生态修复。黄河流域四川段生态保护主要治理目标为防止和修复水土流失。四川省把境内黄河流域细分为若尔盖丘状高原生态维护水源涵养区和石渠高原生态维护水源涵养区，按地域环境变化分类施策，着力破解水土流失这一流域生态突出问题。甘肃是黄河流域重要的水源涵养区，同时其众多支流也是黄河干流的水源补给区，甘肃黄河流域水土流失面积 10.71 万平方千米、每年流入黄河泥沙达 4.92 亿吨。甘肃提出节水、水生态治理与修复、水土流失综合防治、水旱灾害防御、供水安全保障等治理措施，对黄河干流和渭河、泾河进行综合治理；对玛曲、碌曲、夏河等市县开展草原退化治理、水土流失治理。宁夏境内水土流失、水源涵养、水质污染等问题同样突出。宁夏建设银川滨河水系截污净化湿地扩整连通项目和吴忠污水水质提升工程，净化黄河水水质，不断提高水资源利用效率。

第三，现有政府部门分工不合理。各地政府环境保护主管部门、交通主管部门、水行政、国土资源、卫生、建设、农业、渔业等部门以及重要江河、湖泊的流域水资源保护机构均有管辖权和治理权，造成流域水生态、环境生态由不同职能部门管理，治理能力各异，法治水平不一，使得流域治理呈现出"条块结合、以块为主""纵向分级、横向分散""九龙治水、各管一段"的碎片化、分散化特征。

显然，分散性、碎片化行政治理不符合黄河上游生态环境的整体性，不符合流域水资源、水环境的系统性，严重影响流域生态治理成效。此外，地方政府受政绩、经济等考核指标影响形成的竞争关系导致其相互间的交流与合作关系异常紧张，乃至横向合作缺失，于是跨行政区的流域治理陷入"集体行动的困境"。以行政区为单位的壁垒分明的治理模式，给黄河上游公共事务的发展带来严重的阻力。

2. 独立的地方立法

"立法"是立法机关创制、认可、修改或废止法规的活动，立法的过程是对权利义务的分配与确认，是对利益关系的调整过程。尽管黄河上游五省（区）针对流域生态保护进行了一系列立法活动，例如，青甘两地在黄河流域治理立法方面主动作为，立法建立黄河流域生态环境治理联动机制、统一的黄河流域生态监管制度机制等。但是立法标准不一，加之行政壁垒导致立法活动相互独立，造成黄河上游各省（区）对黄河流域生态保护力度和成效不一。例如，黄河上游的各省（区）、市（州）、县（旗）水行政主管部门的水行政行为，要靠国家法律、行政法规、部门规章和地方性法规、规章等法律文件约束。但是，内蒙古、宁夏、甘肃与青海四省（区）的水事法律文件内容参差不齐，形式复杂多样。在涉河建设项目管理方面，仅《甘肃省河道管理范围内建设项目管理办法》第三条详细规定了甘肃省内黄河河道的建设项目管理，并规定了黄河流域管理机构对其河道管理范围内的大中型建设项目的审查职责，有利于落实流域管理与行政区域管理相结合的管理体制。内蒙古、宁夏、青海三省（区）缺乏相应的规定。根据《宪法》《中华人民共和国立法法》有关规定，地方法规、规章只限于本行政区域内适用。于是不可避免地造成地方法治的局限性，主要包括三个方面的原因：一是地方立法只在本行政区域内实施，即只在本行政区域内有效，另外的行政区域无权干预、插手，容易导致"关门立法""选择性执法""执法违法"等乱象产生。二是立法是对利益的调整与平衡，是对权利与义务的再分配和再确认，是以法的形式固化行为模式。这种规范带有"强制性"和"排他性"，并且地方立法治理的本质是区域自治，因此极易导致地方保护主义的发生，从立法层面对某些特定利益进行固化和保护。三是不同的立法主体拥有不同的立法理念和行为差异。这种理念和行为的差异最终体现在立法过程中，势必导致立法行为的偏差，立法行为偏差进而引起执法、司法的冲突，于是相邻行政区域内必然出现法治差异和冲突，不同区域法治的差异性和"一盘散沙"现状，不利于法治社会、法治政府建设。

3.有差异的利益需求

黄河在每一个省份都有不同的自然特点和面临的问题。例如，青海、四川和甘肃面临的问题是保护源区的生态；而对于宁夏和内蒙古来说，工业污染和农业灌溉带来的面源污染是重点。黄河上游生态保护面临的问题有所不同，需分别出台具体措施，因此，环境治理的目标和利益追求各异。另外，地方政府在处理发展与环境的矛盾中，受到经济利益、个人政绩等驱使，往往出现生态环境为经济发展服务、牺牲的行为。治理中尤为如此，地方政府往往追求的是经济发展利益，而经济发展受地域、民族、文化等方面因素影响，经济利益追求各省（区）也有所差异。例如，宁夏及内蒙古段沿线的工业布局粗放且不合理，基本上是高耗水、

高污染的重化工企业，生态环境治理重点为节水、净化水环境。另外，黄河上游
5省（区）是发展不充分的地区，与东部地区相比存在明显差距。这种现实困境下，
青海省治理黄河源头、涵养黄河水源显得力不从心。又如甘肃在谋划推进黄河流
域生态建设方面面临的主要问题是水土保持和山洪沟道治理，且任务繁重。伴随
着行政体制的不断改革，地方政府已成为具有独立行为目标和利益的组织，追求
"利益最大化"是地方政府的本质驱动。地方政府为了保护自身经济利益，必然
会采取立法等形式落实地方保护主义策略。

二、黄河上游流域经济发展现状

（一）经济规模分析

GDP 可以衡量一个地区经济规模的大小。本书选取黄河上游 4 个省区
2010～2021 年人均 GDP 进行分析，如图 6-1 所示。整体来看，2010～2021 年
黄河上游地区经济发展呈现持续上升的趋势；分省区来看，2010～2021 年内蒙
古经济增长最快，而甘肃经济增长最缓慢。

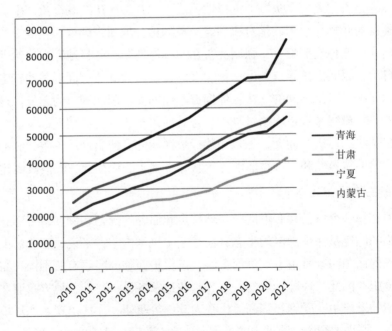

图 6-1　2010～2021 年黄河上游 4 个省区人均 GDP（单位：元）

另外，分析对比 2018～2021 年黄河上游地区 27 个城市人均 GPD，如表 6-1
所示，从表中可以看出，鄂尔多斯是内蒙古主要的实体经济区域，经济总量最大，

主要由于鄂尔多斯丰富的矿产资源、良好的产业基础，高效使用矿产资源促进了实体经济发展；环境优美、旅游资源的丰富、牧草地的独特文化吸引着众多游客，促进了旅游的发展；靠近东部，与京津冀贸易往来频繁，促进了产业链的形成，提高了区域经济发展。

表 6-1　2018 ～ 2021 年黄河上游地区 27 个城市人均 GPD（单位：元）

城市	2018 年	2019 年	2020 年	2021 年
银川	84964	83492	68685	79150
石嘴山	75391	80141	72213	82155
吴忠	37922	40889	43710	55145
固原	24544	25886	29526	32844
兰州	73042	75217	66680	73943
嘉峪关	119418	112219	91000	105323
金昌	56353	73437	81643	97409
白银	29542	27990	32700	37815
天水	19479	18819	22251	25178
武威	25691	26744	35571	41110
张掖	33105	36314	41177	46566
平凉	18676	21514	25623	30109
酒泉	53043	54729	62187	71953

城市	2018 年	2019 年	2020 年	2021 年
庆阳	31312	32690	34593	40610
定西	12656	14746	17430	19873
陇南	14426	16868	18710	20938
呼和浩特	83362	89138	89279	90578
包头	87094	93835	96477	121540
乌海	87864	97564	99477	129116
赤峰	36889	39488	40721	48937
通辽	38017	40410	40673	49124
鄂尔多斯	163980	173069	169269	218968
呼伦贝尔	44961	47116	46257	60413
巴彦淖尔	48173	51722	51594	63885
乌兰察布	35637	38622	39560	52957

（二）产业发展现状

1.青海省产业发展现状

2020 年，青海省生产总值 3005.92 亿元，按可比价格计算，比上年增长 1.5%。分产业看，第一产业增加值 334.30 亿元，增长 4.5%；第二产业增加值 1143.55 亿元，增长 2.7%；第三产业增加值 1528.07 亿元，增长 0.1%。第一产业增加值占全省生产总值的比重为 11.1%，第二产业增加值比重为 38.1%，第三产业增加值比重为 50.8%。

2021 年，青海省生产总值 3346.63 亿元，按可比价格计算，比上年增长 5.7%，2020～2021 年两年平均增长 3.6%。分产业看，第一产业增加值 352.65 亿元，比上年增长 4.5%，两年平均增长 4.5%；第二产业增加值 1332.61 亿元，增长 6.5%，两年平均增长 4.5%；第三产业增加值 1661.37 亿元，增长 5.4%，两年平均增长 2.7%。第一产业增加值占生产总值的比重为 10.5%，第二产业增加值比重为 39.8%，第三产业增加值比重为 49.7%。

同时，本书对 2015 年至 2021 年青海省三次产业增加值占生产总值比重进行了汇总，如图 6-2 所示。

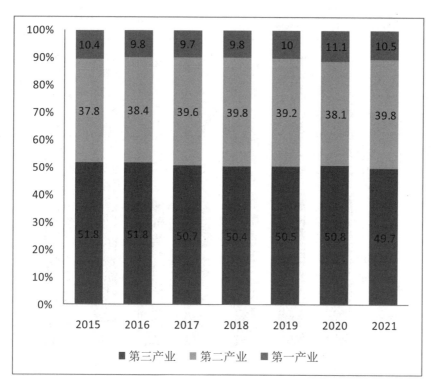

图 6-2　2015～2021 年青海省三次产业增加值占生产总值比重

2. 宁夏回族自治区产业发展现状

2020 年，宁夏回族自治区生产总值 3920.55 亿元，按不变价格计算，比上年

增长 3.9%。其中，第一产业增加值 338.01 亿元，增长 3.3%；第二产业增加值
1608.96 亿元，增长 4.0%；第三产业增加值 1973.58 亿元，增长 3.9%。第一产
业增加值占地区生产总值的比重为 8.6%，第二产业增加值比重为 41.0%，第三
产业增加值比重为 50.4%，比上年提高 0.2 个百分点。

2021 年，宁夏回族自治区生产总值 4522.31 亿元，按不变价格计算，比上年
增长 6.7%，两年平均增长 5.3%。其中，第一产业增加值 364.48 亿元，增长 4.7%；
第二产业增加值 2021.55 亿元，增长 6.6%；第三产业增加值 2136.28 亿元，增
长 7.1%。第一产业增加值占地区生产总值的比重为 8.1%，第二产业增加值比重
为 44.7%，第三产业增加值比重为 47.2%。按常住人口计算，人均地区生产总值
62549 元，比上年增长 6.1%。

同时，本书对 2015 年至 2021 年宁夏回族自治区三次产业增加值占生产总值
比重进行了汇总，如图 6-3 所示。

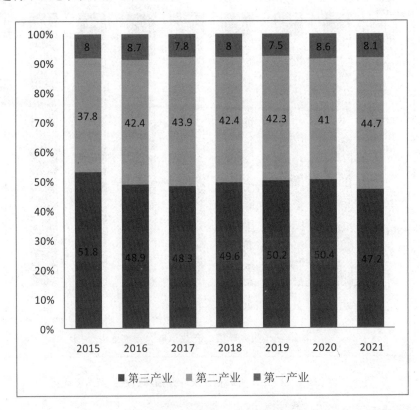

图 6-3 2015 ～ 2021 年宁夏回族自治区三次产业增加值占生产总值比重

3. 甘肃省产业发展现状

2020 年，甘肃省第一产业增加值 1198.1 亿元，增长 5.4%；第二产业增加值 2852 亿元，增长 5.9%；第三产业增加值 4966.5 亿元，增长 2.2%。三次产业结构比为 13.3 ∶ 31.6 ∶ 55.1。全年全省十大生态产业增加值 2179.4 亿元，比上年增长 5.8%，占全省地区生产总值的 24.2%。全年城镇新增就业 35.68 万人，其中失业人员再就业 14.68 万人。城镇登记失业率为 3.27%。

2021 年，甘肃省生产总值 10243.3 亿元，比上年增长 6.9%，两年平均增长 5.3%。其中，第一产业增加值 1364.7 亿元，比上年增长 10.1%；第二产业增加值 3466.6 亿元，增长 6.4%；第三产业增加值 5412.0 亿元，增长 6.5%。三次产业结构比为 13.32 ∶ 33.84 ∶ 52.83。按常住人口计算，全年人均地区生产总值 41046 元，比上年增长 7.3%。

同时，本书对 2015 年至 2021 年甘肃省三次产业增加值占生产总值比重进行了汇总，如图 6-4 所示。

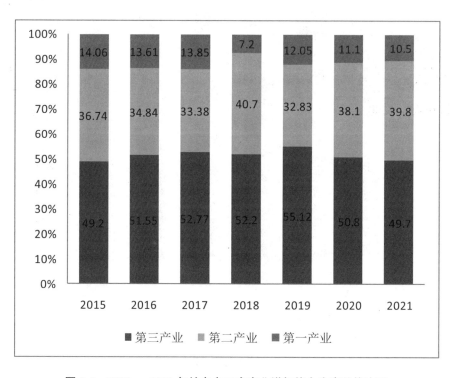

图 6-4　2015 ～ 2021 年甘肃省三次产业增加值占生产总值比重

4. 内蒙古自治区产业发展现状

2020 年，内蒙古自治区生产总值完成 17359.8 亿元，按可比价计算，比上年增长 0.2%。其中，第一产业增加值 2025.1 亿元，增长 1.7%；第二产业增加值 6868 亿元，增长 1%；第三产业增加值 8466.7 亿元，下降 0.9%。三次产业比例为 11.7：39.6：48.8。

2021 年，内蒙古自治区生产总值完成 20514.2 亿元，按可比价计算，比上年增长 6.3%。其中，第一产业增加值 2225.2 亿元，增长 4.8%；第二产业增加值 9374.2 亿元，增长 6.1%；第三产业增加值 8914.8 亿元，增长 6.7%。三次产业比例为 10.8：45.7：43.5。第一、二、三产业对生产总值增长的贡献率分别为 9%、39.3% 和 51.7%。人均生产总值达到 85422 元，比上年增长 6.6%。

同时，本书对 2015 年至 2021 年内蒙古自治区三次产业增加值占生产总值比重进行了汇总，如图 6-5 所示。

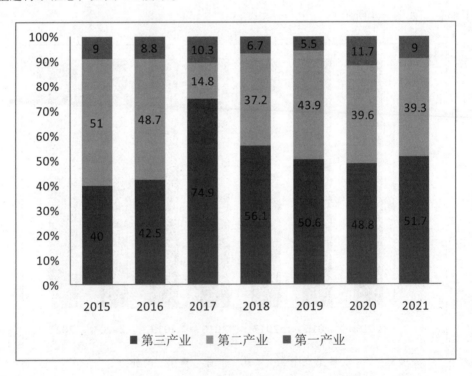

图 6-5　2015 ～ 2021 年内蒙古自治区三次产业增加值占生产总值比重

第二节 黄河上游流域生态环境保护与全面高质量发展路径

一、优化黄河上游流域生态环境保护与全面高质量发展模式

黄河上游地区幅员广阔，横跨青藏高原、黄土高原、河套平原等不同地域环境，流域内不同区域基于不同的资源环境承载能力、现有开发强度和未来发展潜力，可分为禁止开发区域、限制开发区域、优化开发区域和重点开发区域。因此，黄河上游地区各流域段要根据各自的资源禀赋、发展程度和潜力空间选择不同的发展模式和路径。

（一）河源段发展模式

河源段所处的青藏高原，是全球生态系统的调节器，也是我国重要的生态安全屏障。该区域大部分属于重点生态功能区，应以"三生"（生态保护、生态经济、生态惠民）发展模式为主，严格控制国土开发强度，严控开发建设活动对生态空间的挤占，合理避让生态环境敏感和脆弱区域。"三生"之中，生态保护是前提，生态经济是支撑，生态惠民是目的。

1. 生态保护

生态保护是指坚持以保护三江源和中华水塔为首要任务，认真践行绿水青山就是金山银山的理念，推进三江源、祁连山和若尔盖国家公园建设，抓好重点举措落实，创新生态环境管理机制，推进实施生态环境保护项目，推动生态环境质量持续改善，打造全球高海拔地带重要的湿地生态系统和生物栖息地，确保"一江清水向东流"。

2. 生态经济

生态经济是指在生态系统承载能力范围内，在保护生态的前提下，实行点状开发策略，运用生态经济学原理和系统工程方法改变生产和消费方式，合理利用本地的优势资源，发展一些体现特色、持续长久的产业，大力发展牦牛、藏羊、浆果、冷水鱼、油菜等绿色有机农畜产品。在城镇化中充分结合乡村振兴战略，创造体制合理、人文浓郁、生态健康、景观适宜的环境，依托国家公园和自然保护区开展特许经营旅游。

3. 生态惠民

生态惠民即在推进生态保护、发展生态经济的同时，发挥财政转移支付、生态奖补、公益性岗位等政策性手段，大力推进河源段基础设施建设和基本公共服务均等化，发放禁牧补贴、草畜平衡补贴等各类补贴，设置公益性岗位吸纳当地群众参与生态保护，构建起"社会成员广泛参与、人与自然共赢发展"的新型模式。党的十九大以来，习近平总书记指出我国现阶段的主要矛盾已经发生了转变，我国现阶段的发展问题就是满足人民对美好生活的需要。这里的美好生活也包括人民对生存环境质量的要求，坚持生态惠民就要了解人民对环境的需要、满足人民对环境的需要。

（二）峡谷段发展模式

根据国家主体功能定位，该区域是全国重要的循环经济示范区，新能源和水电、盐化工、石化、有色金属和特色农产品加工产业基地，故以"三绿"（绿色资源、绿色产业、绿色消费）发展模式为主。值得一提的是，三者之中，绿色资源是基础，绿色产业是关键，绿色消费是导向。

1. 挖掘绿色资源

一是科学开发水电资源，科学开发水电资源有利于减轻下游防洪防凌的压力、保障流域水生态安全和经济社会可持续发展，从而为黄河连续不断流以及沿黄工农业发展做出贡献。二是统筹利用附属资源，可以从各方面开发黄河干支流生态养殖、航运、旅游等资源，实施重大调水工程，从根本上支撑兰西城市群经济社会发展。三是深入挖掘绿色资源，推进建设黄河上游生态经济走廊建设，构建全国防沙治沙示范屏障和黄河湿地生态带，从而促进生态环境与高质量发展。

2. 发展绿色产业

基于丰富的绿色资源，以及部分流域河水清澈、局部气候较好等条件，可着重从以下几方面推进绿色产业发展。一是持续打造水光风储多能互补的清洁能源基地，注重打造绿色发展产业链，实现清洁能源集约化、规模化的高质量开发。二是充分挖掘峡谷段充足的黄河水资源以及两岸荒漠化山地资源，部署分布式光伏、风能电站，与抽水蓄能电站相结合，建设黄河梯级储能工厂。三是发展生态旅游、生态养殖、航运等绿色产业，在一定程度上来说使峡谷段流域群众能够实现从单一的农业种植向生态旅游、水产品养殖等绿色发展的转变。

3.推动绿色消费

充分把握碳达峰、碳中和达标带来的外部机遇，适应可持续性、代际公平性、全程关联性的绿色消费特征，推动产业结构、技术结构、产品结构的调整，促进经济转型升级，大力发展清洁能源，着力打造并保持全国清洁能源价格洼地优势，建设国家重要的新型能源产业基地，同时探索建立健全黄河水权交易市场，以促进域外绿色消费带动区域发展。

（三）冲积平原段发展模式

此段流域属于地域平坦、人口密集、城市聚集区，系国家主体功能区规划中的重点开发区域，其功能定位为：支撑全国经济增长的重要增长极，落实区域发展总体战略、促进区域协调发展的重要支撑点，全国重要的人口和经济密集区。水资源和环境承载力是该区域发展的最大障碍，决定了必须走集聚集约发展道路，应以"三聚"（聚集人口、聚集产业、聚集城市）发展模式和路径为主。三者之中，人口集聚是依托，产业集聚是路径，城市集聚是抓手。

1.聚集人口促发展

一是对流域水资源实行科学规划，合理规划沿岸人口布局，坚持"以水定城、以水定地、以水定人、以水定产"的发展原则，以人口聚集推动区域和产业高质量发展。二是完善城市基础设施和公共服务，进一步提高城市的人口承载能力，城市规划和建设应预留吸纳外来人口的空间。三是提升城市人口和产业集聚能力，增强辐射带动作用，促进区域一体化发展。

2.聚集产业促发展

利用地势平坦、交通便捷等优势，推进优势产业聚集发展。

一是增强农业发展能力，加强优质粮食生产基地建设，稳定粮食生产能力。二是发展新兴产业，运用高新技术改造传统产业，全面加快发展服务业，增强产业配套能力，促进产业集群发展。三是合理开发并有效保护能源和矿产资源，将资源优势转化为经济优势。四是依托资源优势，促进特色优势产业升级，增强辐射带动能力。五是统筹传统产业布局，促进产业互补和产业延伸，实现区域内产业错位发展。

3.聚集城市促发展

一是将冲积平原段区域作为一个整体，充分挖掘和利用好黄河通道，统筹规划建设交通、能源、水利、通信、环保、防灾等基础设施，构建完善、高效、区域一体、城乡统筹的基础设施网络。二是扩大冲积平原段中心城市规模，推动辐射带动力作用，发展壮大其他节点城市。三是加强区域内各城市产业分工和功能互补，推动形成分工协作、优势互补、集约高效的城市群。

二、完善黄河上游流域生态环境保护与全面高质量发展措施

（一）完善普遍性问题的发展措施

1. 明确生态产业发展主体定位

黄河上游地区中长期的发展定位必须得朝着生态产业发展的方向，短期的生态修复项目，环境整治活动效果有限，无法从根源上缓解生态压力。统一以生态旅游、生态农业等生态产业为代表的高质量发展模式，明确生态产业主体定位，从而根本性降低污染物的排放，逐步摆脱重工业经济的绑架，使得区域产业结构愈发合理，经济活动与生态环境良性互动。

2. 制定符合黄河上游发展实情的环境规制政策

（1）建立系统化制度体系是促进"绿水青山"向"金山银山"转化的保障条件

一是建立健全相应的法律法规体系。建立全流域生态补偿机制，对转化产品的内涵类型、价值核算机制、实现途径等内容进行规定，因地制宜制定转化产品实现的区域实施细则，修改配套法律法规和相关政策。

二是建立健全市场保障机制。建立自然资源资产产权制度、用途管制制度、生态资源有偿使用机制、生态资源价格形成机制、生态产品认证机制、生态产品价值核算机制、生态市场交易机制。

三是建立健全生态保护机制。建立起一套源头严管、过程严控、结果严惩的生态环境保护机制。严格产业准入，建立"三位一体"（空间准入、总量准入、项目准入）、"两评结合"（专家评价、公众评价）环境准入制度。

四是完善绩效评价考核和责任追究制度。实施常态化制度化管控，严格执行《党政领导干部生态环境损害责任追究办法（试行）》《领导干部自然资源资产离任审计规定（试行）》等，强化管理者对生态产品保护的过程介入。

五是建立多渠道、多层次、多元化的外部支持制度。激励对黄河流域生态环境产生正外部性的经济活动或行为，如建立黄河流域跨行政区生态补偿制度，并探索包括技术补偿、异地开发补偿等补偿形式，帮助流域上游地区发展环境友好型产业。又比如对上游地区生态产业给予税收、用地、用能等支持政策，引导各

类投资主体积极参与生态环境建设和生态经济项目开发。

（2）制定环境政策的具体方法

黄河上游的城市在经济发展的各个方面都相对落后于发达的东部地区，因此，在许多方面，国家环境监管工具的具体实施在黄河上游都具有地区差异性。制定环境政策应符合该地区的全面经济发展和环境状况，并尽快消除"一刀切"的环境治理状况。在具体的制定过程中，黄河上游的生态红线可以用作基准，根据该地区的工业发展、能源消耗水平和开放程度，建立不同的环境监管标准。具体方法如下：第一，充分探索不同强度和类型对经济增长的最优点。始终根据黄河上游的实际发展调整环境法规的严厉程度，积极鼓励公众参与环境保护。同时，环境保护需要更多的资金和技术，东部发达地区应该对黄河上游提供财政和技术援助。第二，环境规制的实施需要法律法规的支持和指导。对于黄河上游污染较严重的城市，需要颁布更多的地方法律法规，有针对性地加强环境保护，地方政府应共同努力，同时明确分工，以免因职能重叠而减少责任。第三，近年来，随着公众参与环境保护的呼声和影响增加，地方政府应立法规定公众参与环境治理，减轻政府治理的压力和支出，最终实现理想的环境治理状态。其中，以命令控制环境法规和市场激励为主要维护手段，以公众参与为基础的环境法规作为补充。

3. 完善环境保护评估机制，提高地方政府环境考核标准

环境规制作为国家政策实施的一项工具，为全国的环境污染管理和保护做出了突出贡献，但是，为了地方经济发展和政治表现，各级不同地区和各级政府降低了当地的环境法规要求，以便在竞争激烈的市场中获得更大的吸引力，这种举措间接地加剧了污染公司之间的环境竞争，最终被低标准的环保要求所吸引的企业导致了更加严重的环境污染问题。

目前，对于黄河上游的落后城市，经济增长次效应的不利影响现在更加明显，这也对该地区经济的绿色和高质量发展产生了负面影响。因此，加快摆脱竞争陷阱，实现高质量的生态保护和经济发展成为一种趋势，这就需要地方政府进一步改进和完善环境保护评估机制。为了使评价机制在环境保护和经济发展的决策过程中得到实际应用，具体建议包括以下几点。

第一，地方政府应制定经济可持续发展的总体政策，积极实施环境保护的基本发展战略，优化生态水平，协调地方经济增长，扩大对环境污染早期处理的投资，并加大对环境污染过程的处罚。

第二，在决策地方经济和环境污染事件的发展中，决策的结果必须合理科学。

不建议特别注意环境保护或经济发展，应当根据当前区域经济发展的实际状况与环境治理的实际综合水平之间的关系，灵活、及时地确定经济发展政策和环境保护政策。

第三，环境绩效评估的机制会因经济发展的不同阶段和地区而异，因此，地方政府需要不断进行改进和完善。对于黄河上游城市的发展来说，重大发展计划、重大项目的未来发展和环境绩效匹配机制应该是兼容的。

与此同时，社会各界的意见应该得到充分接受，黄河上游公众参与环保的能力应得到加强，共同促进绿色发展和可持续经济发展。

4. 提升黄河上游生态功能区生态安全

（1）修复生态环境、多举措降低生态风险

高生态风险区、较高生态风险区和中等生态风险区应着力开展生态修复建设，例如，临夏市、临夏县、合作市等经济发展水平较高地区要严格管理建设用地发展规模，避免为了发展经济而乱占、滥用和浪费土地资源等行为，合理优化土地利用类型。城区增加绿地面积，增加生态用地，不断提高城市生态效应；增加资金和技术对环境保护的支撑。玛曲县应严禁过度开发，减少人为干扰，并转变以单一产业为主要收入来源的生产生活方式，调节产业结构，增加多渠道就业方式，转移农林牧业劳动力，减少人们对林地、草地的破坏和对生态安全的不利影响。

总之，生态风险较高地区应该严格执行国家和地方生态安全保护政策，建立生态保护片区，通过就近原则责任到乡镇，落实生态环境保护政策的实施与生态环境修复责任；后续应跟踪监测治理成果，不断降低生态风险，巩固治理成果。较低生态风险区和低生态风险区应以保护原有景观为主，例如，夏河县、卓尼县等地区应积极响应国家、省、市生态保护政策，确保生态环境持续向好转变；民族聚居区具有独特的人文历史价值和自然景观价值，可在生态环境承载力之内开展生态文化旅游，发展经济，提高人们的收入和财政收入用以反哺生态建设工程。

此外，还可以在低生态风险区建立生态示范区，其他地区可借鉴该示范区的环境保护方法和经验，以此制定适宜本地的治理方案，提高治理效率，更好的修复高风险地区的生态环境。全面统筹确定不同生态风险区主体功能作用，努力开展不同生态风险等级分区域有针对性管理和修复，抓住影响不同风险等级分区功能的主要矛盾，打造由点管理趋向面管理、单一方法趋向多种方法，争取打造生态安全防护的多层保障。

（2）大力维护林地、草地生态系统安全

黄河上游生态功能区的草地占有绝对优势，分布面积广，而草地生态系统的稳定性也较脆弱，且在高寒地区被破坏后，很大程度上需要漫长的恢复期，因而保护和治理当地的草原生态系统也极具意义。黄河上游生态功能区也应该积极关注对草地的保护，实施退牧还草。在生态风险较高且生态较脆弱的地区实施禁牧，减少人们对草地生态系统的干扰；其余地区草地可推行划区轮牧和休牧措施，确定适宜的载畜量，并加强对草原有害生物的防治，推动其生态系统的良性循环。

相较于草地而言，林地的景观斑块连通度更差，破碎化程度也更高。

森林作为高级生态系统，其防风固沙、防护水土流失、涵养水源、调节气候等能力十分强大，因此强化当地森林生态系统功能对降低生态风险有极大作用。因此，在保护天然森林资源的基础上，扩大退耕还林工程的实施范围，加大适合林地存活地区荒山荒地的人工造林力度。设立林地专职保护人员，加强对林地的巡查与管理，防止乱砍滥伐、林地病虫害和火灾等对林地的破坏。培育林木良种，造林时多树种的进行种植，提高其抵御病虫害的能力，并对新造林地加强培育管理，逐步改善林地质量。

（3）保障黄河首曲湿地生态系统的稳定性

位于黄河首曲的玛曲县东部地区也一直处于高风险区，该地分布有较大面积的湿地，湿地斑块也较为破碎，对于该区湿地应该从预防风险、治理和监管等多方面开展工作，以提高湿地自身生态系统抵御风险和外界干扰的能力。

保护湿地水环境，合理利用该区水资源，增强其净化水质、改善生物栖息地等的生态功能。该区自然景观旅游观赏价值较高，在维护生态安全的前提下，可以适当发展旅游业，提高当地人们的收入，以此提高当地人们的保护意识。

此外，还应加强该区湿地保护区的管理，禁止在保护区内一切不利于生态安全防护的开发与建设，多方位提升保护区科学化和规范化的长效管理能力，积极争取国内机构和国际上相关组织支持，提高黄河首曲湿地的影响力，从而为后续保护和治理工作奠定技术和资金的保障基础。

5.推进清洁技术创新，有效引进优质外商直接投资

环境规制对黄河上游地区经济增长的影响与环境监管本身的强度、外部技术创新水平和外资水平密切相关。为此，了解环保法规的适当程度，加强对环保技术的支出，促进节能意识的提高，积极引进国外优质的外商直接投资，将提高经济发展质量，有力地促进黄河上游经济增长。技术升级将促进产业调整，同时企业污染水平将大大降低。对于黄河上游不发达的城市，通过外商直接投资进入为高质量和先进的节能减排技术提供的大量资金将实现黄河上游地区的节能、净化和经济增长的目标。环境规制的间接影响对经济增长的影响表明：外商直接投资

水平中经济的增长速度受环境规制的影响较大，可借助技术创新水平进行改善。

首先，工业技术的落后继续制约着黄河上游城市的绿色可持续发展，西部地区"一刀切"的环境规制的严厉程度也在增加，公司将在环境保护上花费大量资金，从而导致缺乏用于技术创新的资金。当前，中国正在大力推进以科技兴国的发展政策，黄河上游地方政府也应积极采取措施，为相关产业提供科学技术支持，对致力于绿色和清洁技术创新的企业给予特别的政策优先并提供资金支持。实证结果表明，环境规制严厉程度的提高不会限制企业的技术创新能力，从而阻碍了区域经济增长。因此，地方政府应在环境治理过程中充分利用技术创新，注重节能减排，不断完善科学技术创新体系，但是也不能减缓对环境污染的控制，应当稳定有序地维护环境规制的力度。

其次，坚持对外开放政策，积极引进高质量的外商直接投资，这将有助于环境规制促进黄河上游的经济增长。黄河上游的开放水平仍然远远落后于东海岸地区。黄河上游的城市开放水平将增加黄河上游的技术和大量资本，为现有的生产水平提供助力，为黄河上游的经济发展做出贡献，但外商直接投资的进入存在污染排放的风险，这助长了"污染天堂"的效果，可能会导致现有环境情况恶化。因此，通过专注于提高外商直接投资的质量并引进采用清洁技术生产的公司，污染的风险将得到有效降低，此时，正确制定和管理环境规制将对黄河上游的经济增长水平产生全面影响。

6. 不断提高黄河上游市场化水平

市场是提高资源配置效率的最有效的方式之一，黄河上游地区的市场化程度偏低，导致整个上游地区的劳动力、资本、土地等各类要素并没有配置到利润率较高、符合区域发展比较优势的行业，因此，应持之以恒地提高黄河上游市场化水平。

首先，政府持续推动优化营商环境的改革。强化"放管服"简政放权措施，引导并壮大民营经济，促进劳动力、技术等要素的有效流动。

其次，强化市场机制的有效运行。通过知识产权法庭等法律机制不断加强知识产权保护，打击产权侵权等违法活动，做好产权权益宣传，提高人民对知识产权的认识，使得市场机制得以有效运行。

7. 构建黄河上游区域协同联动机制

黄河上游地区具有相同的生态环境特征，在黄河流域生态保护与高质量发展的战略下也具有相同的使命，应作为一个整体来加强生态环境保护、拓展区际互动合作。因此，探索构建黄河上游协同联动机制，成立区域合作协调机构，通过定期开展黄河上游市长级会议等方式，在生态保护、旅游业一体化等议题上加强区域合作。不断加强交通、物流等基础设施的协同规划与建设，提高河流污染监测与数据共享的透明与联动，提高区域市场的一体化，降低交易成本。

8. 以绿色产品助力生态环境保护与旅游业的高质量发展

（1）加强绿色旅游产品有效供给

深刻总结黄河上游观光旅游、乡村旅游、文化旅游等旅游业态的特征，深挖民族文化特色，结合地区旅游资源禀赋，打造区域旅游品牌，围绕文创纪念品、旅游周边、艺术剧目等主题，创新更丰富的旅游衍生品，提升地区旅游附加值。提供更多满足都市居民贴近自然、体验乡土生活、体验民族文化等不同需求的绿色旅游产品，推动黄河上游旅游业多元化、绿色化、精品化发展，保证安全、充分、优质的旅游服务供给，更好地满足游客多元的物质文明和精神文明需求。

（2）实施黄河上游绿色产品标准

协调制定黄河上游地区绿色生态产品系列标准，通过标准的逐步推行，倒逼企业进行技术改造，提高上游地区流通产品与要素的绿色化程度，促进产业生态化变革。创新绿色景点、绿色行业、绿色社区等黄河上游分层级绿色标准，严格执行绿色产品检测与认证，打造黄河上游绿色品牌，实现黄河上游产业链的低碳环保，助力生态环境保护与旅游业的高质量发展，完成生态与产业的正向循环。

9. 促进产业结构优化升级，实现经济发展质量提升

随着区域经济的快速增长和环境污染的加剧，经济发展模式也多以高污染和高排放为主，基于此种状况必须进行大力整顿。地方政府应将经济的快速发展与环境保护和能源效率联系起来，同时，我们必须大力加强公共空间的普及，加强公民教育，改善居民的福祉，全面促进经济发展。

为此，该地区应依靠自身的资源优势，改善资源配置，一方面对技术进行不断创新，另一方面对产业进行全面优化，在这一环节还需确保环境质量提高，以适应绿色发展和高质量经济发展。这就需要黄河上游的欠发达城市更加关注脆弱的生态环境，加速优化高能耗、低产出和高污染的产业，摆脱当下资源主导型的经济发展模式。在未来的发展过程中，政府应更加重视环境保护，努力促进产业的优化升级，为绿色产业发展创造良好的政治环境，改造高能耗、高污染的落后产业，继续合理配置产业，最后，实现黄河上游区域经济的绿色优质发展。

（二）完善差异性问题的发展措施

1. 完善河源地区的个性化发展措施

青海是黄河的发源地。黄河发源于青海的巴颜喀拉山脉，流经青海全省16个县，流域面积为15.23万平方千米，占黄河流域总面积的19.1%。青海也是黄河重要的水源涵养区，全省湿地面积814.36万公顷，水资源总量为961.9亿立方米，河流湖泊众多，有200多条流域面积在1000平方千米左右的河流，年平均出水量长期占黄河总流量的49.4%，被誉为"中华水塔"。作为黄河的源头区、干流区，青海在黄河流域生态保护和高质量发展国家战略中的生态地位极为重要，责任重大。青海作为黄河源头区、干流区，每年源源不断地向下游输送洁净水源，做好水源涵养和治理工作，对黄河流域生态保护和高质量发展具有基础战略支撑作用。

扎实推进国家公园建设，全面启动三江源国家公园正式设园工作，高标准建好三江源国家公园，加快设立祁连山国家公园，积极推进其他国家公园创设工作，开展国家草原自然公园创设试点。探索建立自然保护地分类指标体系和标准，建立分类科学、布局合理的自然保护地体系，制定自然保护地整合优化办法，加快推进国家公园地方立法，出台国家公园建设规范标准，建设全国国家公园标杆。

统筹推进山水林田湖草系统保护和修复，加强祁连山冰川与水源涵养区系统保护，加强黑河、疏勒河、湟水河等流域源头区整体性保护，科学实施固沙治沙防沙工程，稳固水源涵养能力。大力发展绿色有机农牧业，充分挖掘特色农牧业资源优势和发展潜力，贯彻创新驱动发展战略，强化绿色发展的政策导向，构建绿色低碳循环发展经济体系，构建体现本地特色的产业体系。

支持青海、川西北发展绿色有机农畜业，打造全国最大的有机牦牛、藏羊养殖基地。适度发展沿黄冷水鱼绿色养殖发展带，打造全国最大的冷水鱼生产基地。大力建设高标准农田，开展绿色循环高效农业试点示范，高水平推进河湟谷地粮油种植和节水型设施农业发展，提升保障粮食安全能力。实施品牌强农行动，打造区域品牌。全面加强文化示范基地建设。

加快国家级热贡文化、格萨尔文化、藏羌文化实验区建设，建设撒拉族、土族等民族文化生态保护区，加强重点文化遗址保护和修复。建设长城、长征国家文化公园，传承弘扬红色文化，推进长征、原子城等红色文化遗迹保护以及教育基地建设。加强河湟文化遗产数字化保护，丰富黄河流域历史文化。

2. 完善峡谷地区的个性化发展措施

建设可再生能源基地，以平价方式推动新能源的开发建设，促进风光电无补贴市场化发展，继续加快甘肃河西清洁能源基地建设，持续壮大青海海南、海西可再生能源基地规模，推进特高压通道建设，完善西北智能电网体系。重启玛尔挡水电站建设，改扩建拉西瓦、李家峡水电站。挖掘黄河上游梯级水库储能潜力，推进抽水蓄能电站、储能工厂建设，建设黄河上游水电储能工厂，大幅提高系统调峰能力。

推进清洁能源多元化，开展内陆核电建设示范，建设制氢工程示范和产业化应用试点，深化干热岩、地热等清洁能源研究开发利用。不断提升碳汇能力，制定实施碳达峰方案并开展达峰行动，积极参与全国碳市场建设，推进排污权、用能权、碳排放权市场化交易。发展能源产业链。持续汇聚清洁能源发展势能，构建清洁低碳高效能源生产及供应体系，贯通新能源装备制造、发电、输送、储能、消纳于一体的全产业链，打造国家清洁能源产业高地。

加快光电核心技术研发，培育一批全国领先的高效光伏制造企业，打造光伏、风电、储能上下游产业链及产业集群。鼓励分布式可再生能源推广应用，挖掘电网接纳可再生能源潜力，支持更多可再生能源发电项目中规划配置储能系统。加快推进可再生能源制氢项目，布局建设氢燃料电池、整车及零部件配套产业链，构建集生产、研发、应用、服务于一体的全产业发展体系。实行能源总量和强度"双控"，推广清洁生产和循环经济，合理布局一批电解铝、钢铁、铁合金等高载能产业以及大数据中心和计算中心。

打造特色旅游景区，充分发挥峡谷旅游资源优势，串联上游区域内丹霞地貌、峡谷库区、森林公园等雄奇胜景，打造沿黄丹山碧水风光旅游带。实施A级景区提档升级计划，高水平推进龙羊峡、青铜峡等重点景区建设，统筹规划一批旅游综合体，加快创建黄河大峡谷5A级景区和国家级旅游示范区。构建吃住行游购娱一体化旅游产业链，创新发展"旅游+"生态、农牧业、体育、康养等新业态。

3. 完善冲积平原地区的个性化发展措施

布局先进高载能工业，坚持"减量化、再利用、资源化"，推动重点地区和园区循环化改造，培育和引进一批建链、补链、延链、强链项目，构建低消耗、低排放、高效率、高产出的循环产业集群，推动传统产业高端化、智能化、绿色化发展。支持布局一批对"双循环"新发展格局起重大支撑作用的现代高载能、新材料、智能制造、信息技术等上下游一体化循环发展的高科技、高附加值项目，如多晶硅、新型电池、电制氢等绿色高载能产业。充分发挥数字经济方面的比较优势，建设大数据产业园、数字经济发展展示运行平台，组建数字经济发展集团。

推进 5G 网络和智慧广电建设，推广应用物联网、云计算、大数据、区块链、人工智能等新一代信息技术，加快推动产业链数字化改造。发展飞地经济。合理规划生产力布局和调整产业结构，突破地域分割和行政区域限制，加强资源统筹管理，加快发展飞地经济和飞地园区建设，引导不适合在当地发展的工业企业和项目向外转移，同时吸纳上游地区不适宜发展的产业，促进产业集聚集约发展和优化升级，带动上游地区协同发展。打造旅游集散中心。

冲积平原地区是中华民族的发祥地之一，文化积淀深厚，可以大力发展文化生态旅游，讲好"黄河故事"，建设具有世界意义的黄河文化旅游景观带。利用冲积平原地区的区位交通优势，加快建设旅游集散中心和智慧平台，广泛开展上游地区各城市之间的交流和深度合作，打造区域旅游共同体，形成黄河文化旅游全方位合作新格局。

第七章　黄河中游生态环境保护与全面高质量发展

黄河中游生态环境保护与全面高质量发展的目的是在兼顾生态环境保护的同时，实现黄河中游经济社会可持续发展以及解决不平衡不充分发展的问题。黄河中游属于生态脆弱区域，在选择全面高质量发展的方向与道路时，应结合自身基本状态与限制条件，制定符合实际的发展路径与政策。本章分为黄河中游流域生态与经济发展问题、黄河中游流域生态环境保护与全面高质量发展路径两个部分。

第一节　黄河中游流域生态与经济发展问题

一、黄河中游流域概况

（一）自然地理

黄河中游流经内蒙古、山西、陕西、河南四省（区）。黄河中游流域面积约是全黄河面积的46%，区间增加的水量约是黄河水量的43%。黄河中游的水源补给主要来自雨水，但大部分地区气候较为干旱，雨区面积比上游小，平均年降水量约为446毫米。夏季是河流的汛期，水量较大，冬季水量少，河流冬季结冰。根据中游河道特性的不同，可分为晋陕峡谷段、汾渭平原段、三门峡至桃花峪河段三部分。

黄河中游流经黄土高原的核心区域，地形地貌与黄土高原高度相似。黄土高原为我国主要农业区向主要牧业区过渡位置，植被覆盖率低，地质疏松，由于风力沉积、流水侵蚀形成了千沟万壑、支离破碎的地形地貌。黄河中游地形坡度大，坡面物质不稳定，黄土疏松易被流水侵蚀，地貌主要有黄土地貌，河流谷地，基岩山地三种地貌类型。黄土地貌为中游地区主要的地貌特征，广泛分布于豫西、陕北地区，特征为地表切割较弱，谷坡较缓，沟壑密度小，地表植被发育较差，基岩表面风化剥蚀强烈；河流谷地是由于流水长期侵蚀而形成的宽阔谷地，宽度由数百米至数千米不等，平坦开阔，有流水沉积物堆积，地势多为北高南低，东高西低；基岩山地分布面积小，海拔高，相对高差较大。

黄河中游是主要产沙区，泥沙聚集使得流域内土壤贫瘠、生态环境恶化，同时也使得下游地区泥沙堆积、洪水泛滥。河南省位处中原，地形复杂，地势西高南低，被太行山、伏牛山、桐柏山、大别山四大山脉环绕，中部及东部为黄淮海平原，西南部为南阳盆地，地貌以山地为主，主要分布于西部和西北地区，西部有山脉峰起，东部为广阔平原，丘陵地貌较少；陕西省地域狭长，地势南北高，中部低，省内由北山和秦岭分为三大自然区域：北部为陕北高原，中部为关中平原，南部为秦巴山区，地貌以高原、山地、平原为主，陕北地区位于黄土高原中心位置，南部为丘陵沟壑区，陕北中原地势平坦。山西省位于华北平原西部，于太行山及黄河中游峡谷之间，南北长，东西向较短，轮廓近似于平行四边形，东部为山地，西部为高原，中部为盆地，省内山峦起伏，沟壑纵横。

黄河中游已建三门峡和小浪底水库为骨干水利枢纽，万家寨水库为补充，初步形成了中游水沙调控工程体系，另外中游已建头道拐、龙门潼关和花园口等水文站用于监测水沙数据。头道拐水文站位于内蒙古托克托县双河镇，是黄河上游的出站口，也是中游万家寨水库的入口站，其多年平均径流量主要来自兰州站以上，输沙量主要来自兰州至头道拐区间支流，其水沙变化直接影响中游龙头水库万家寨水库的水沙调度情况。黄河万家寨水库位于黄河中游上段托克托至龙口峡谷河段内，1998年10月投入使用，水库主要任务是发电调峰与下游供水，兼顾防洪、防凌作用。三门峡水库位于黄河中游下段，1957年4月正式投入使用，是兼顾防凌、灌溉、发电、供水等任务的大型水利工程。小浪底水库位于三门峡水利枢纽下游130千米，河南省洛阳市以北40千米的黄河干流上，占黄河流域总面积的92.3%，是黄河干流上的一座集减淤、防洪、防凌、供水、发电等为一体的大型综合性水利工程。

（二）水文条件

黄河流域途经渭河、延河、无定河、汾河和沁河等黄河一级支流，是我国西北、华北地区的重要水源，近年来，黄河流域尤其是黄河中游水量锐减，宁蒙河段尤其是内蒙古河段萎缩严重，已成为"地上悬河"，限制了下游城市的生产生活和经济发展。造成其水量突变的原因是气候变化和人类活动频繁。全球气候变暖会引起降水在时空上的分配变化，若气温升高1℃，年径流量将减少3.7%，导致洪涝、干旱灾害的发生频率上升，进而影响区域生态环境。近年来，黄河中游气温上升和降水骤减是区域内河川径流减少的重要原因之一。由于人类滥砍滥伐导致黄河中游水土流失严重，无定河、延河流域受人类活动影响最大，但改革开放以来，我国重视水资源保护，施行退耕还林政策，恢复植被，修建梯田、拦沙坝等水土保持工程，对于黄河中游水资源锐减有良好的遏制作用。

（三）生态环境

黄河中游生态环境由于自身区位及土壤、气候等自然条件差，且多为人口大省，人类活动频繁，发展经济的同时忽视了环境保护，导致生态脆弱性强，易引发自然灾害影响下游人们生产生活。近年来，国家已经采取了退耕还林、退耕还草等环境保护措施修复生态系统，在水土流失及植被覆盖方面取得了良好成效，但对于工业污染，生物多样性持续减少仍没有强有力的措施进行遏制，这是影响黄河流域高质量发展的重要阻碍因素。

（四）经济社会

黄河中游地区是我国重要的经济区域之一，该区地域辽阔、物产丰富，是我国重要的能源生产基地，也是农牧业经济生产的重点区域，盛产小麦、谷物、棉花、畜牧产品等。畜牧业主要分布在内蒙古中西部和陕北地区，农产品生产主要在中游南部的汾渭盆地和关中平原。黄河中游地区的矿产资源丰富、品种齐全，煤炭、石油、天然碱等的储量在全国占有举足轻重的地位，特别是煤炭资源尤为丰富，原煤产量多年来占全国总产量的40%以上，是我国重要的煤炭生产基地和以煤炭为原料的电力、化工工业的重要生产基地。

黄河流域又被称为"能源流域"，其矿产资源丰富，是中国重要的能源、化工、原材料和基础工业基地。黄河中游煤炭资源尤其丰富，原煤产量多年来占全国总产量的40%以上，是我国重要的煤炭生产基地。黄河中游途经的省份多以工业为主要发展产业，结构单一，矿产资源的大规模开发利用活动为黄河中游城市的工业化和城镇化快速发展提供有力支持的同时，也给黄河中游生态环境带来巨大的生态和生活压力。连续开采引发了一系列地质及生态问题，导致地面塌陷、地表下沉、山体出现裂缝、引发泥石流，土壤沙化、肥力下降，无法保障居民正常生产生活需求。

河南省是我国重要的矿业大省，地质层齐全，矿产种类丰富，现已发现矿产资源102种，主要分布于京广线以北及豫南地区的丘陵、山区，以金属矿产和能源矿产为主，并有萤石、石墨等非金属矿产，矿藏丰富，分布广泛，开采价值大；

陕西省是我国重要的能源化工基地，省内成矿条件优越，矿产资源丰富，现已发现矿产资源 138 种，其中盐矿储量为全国第一，煤炭、石油、天然气保有储量均居全国前列，是全国重要的煤炭生产基地；山西省是我国的矿产资源大省，自古以来便有矿产开采历史，是我国最大的能源重化工基地，已发现矿产资源 117 种，矿产储量总潜在价值位于全国第二，煤炭资源居全国首位，分布广泛但相对集中，地质条件简单，开采条件好。

二、黄河中游生态环境与经济发展中存在的问题

黄河中游途经黄土高原，是引起黄河洪水和泥沙堆积的主要来源区，流经较大支流 30 多条。黄河中游的河口镇至禹门口是干流上最长的一段连续峡谷，流经水土流失严重的黄土丘陵沟壑区，黄河流域年均输沙量 16 亿吨，其中一半以上来自此区间，泥沙冲积塑造了黄淮海大平原。同时，黄河中游多为人口大省，人类活动频繁，土地使用面积不断扩大和过度放牧，依赖矿产资源发展经济，能源结构单一，使原本脆弱的生态环境进一步恶化，特别是对区域水土流失、沙漠化及下游河道淤积和水害等负面作用十分突出。

（一）水土流失问题

黄河中游流域面积占全流域面积的 43.3%，其途经的黄土高原地区水土流失严重，是黄河各种泥沙来源最为主要的一部分。由于长期水土流失导致湿地退化严重，黄河流域湿地面积减少，宁蒙河段尤其是内蒙古河段萎缩严重，已成为"地上悬河"，流域湿地面积总体上呈萎缩趋势。黄河中游山西段是水土流失最为严重地区，85% 以上的土地被黄土和次生黄土所覆盖。由于黄土具有质地疏松、多孔隙、易侵蚀的特点，加之该地区群众长期陡坡垦荒、重建轻管、采矿采石、植被破坏和土地利用不合理以及降雨量较集中等多种原因，导致水土流失面积逐年加大。如此严重的水土流失，极大地影响着农、林、牧业的发展和土地利用效益，造成土地生产力低下，黄河河道淤积，给黄河下游造成重大威胁。

黄河中游途经的三省份水土流失现状及原因各有不同。河南省虽采取了一系列措施遏制水土流失，涵养水土保持功能，但生态系统退化趋势未得到根本扭转。目前途经河南省的黄河流域中仍有 1.69 万平方千米水土流失区域急需治理，地上悬河导致河槽抗洪能力降低，存在洪水灾害威胁。陕西省实施"一河一策"方案治理水土流失初见成效，但由于陕西沿黄地区多属于连片贫困区，水利设施建设不到位，导致水土流失敏感性程度高，陕北地区及延安更面临水资源缺乏，农业面源污染严重的问题。山西省沿黄河区域处于黄土高原，由于土质疏松，土壤

侵蚀十分严重，成为集中连片的水土流失区，水土流失面积约为10.8万平方千米，占山西省土地总面积的69%，水土流失导致山西省可耕地面积减少，土壤肥力下降，严重影响作物产量。

黄土高原丘陵沟壑水土保持生态功能区（简称黄土高原丘陵沟壑区）占黄河流域总面积的17.42%。从省级区划上来看，该区涉及甘肃省、宁夏回族自治区、陕西省和山西省，是我国地形第二阶梯的黄土高原所在地。该区域内的黄土范围广大，堆积深厚，土壤颗粒细，土质松软，含有丰富的矿物质养分，缺乏天然植被保护，加之该地区夏雨集中，且多暴雨，土壤流失情况比较严重。

（二）植被发育问题

植被具有保持土壤、调节大气、维持生态系统稳定等多种重要作用，植被覆盖变化过程是在自然因素与人类活动因素共同作用下的综合结果。黄河中游地理位置和气候条件特殊，自然环境基底差，土质疏松，植被类型少。同时，随着人口的增加、森林采伐、过度放牧等活动，流域内60%以上的天然草原已出现不同程度的退化，草场沙化面积受其辐射影响的草场面积扩大。草场退化、植被减少导致流域内水资源涵养功能迅速退化，补给能力差，致使一些支流干旱或断流，对整个黄河流域的经济社会可持续发展和生态安全构成了严重威胁。

黄河中游途经的三省份沿黄河区域的植被退化有不同原因。河南省的植被破坏原因有人为因素及自然因素，目前已经采取多项措施提升森林覆盖率，由于监管不力，黑煤窑非法采石采矿、毁坏树木，严重破坏了地表植被。同时，因天气干燥及气候变化引起的森林火灾、病虫害等问题时有发生，威胁着生态安全。陕西省沿黄河区域黄土堆积深厚，土壤质地较粗，种植条件差，种苗成活率低，坡面植被覆盖率低。同时，由于长期开采煤矿，地面植被被破坏，难以恢复。山西省沿黄河区域土壤贫瘠，绿化方式仍以粗放式栽种为主，草木搭配不合理，使得植树造林工程适得其反，出现防护林大面积死亡的现象，导致区域内生态环境恶化，影响居民正常生产生活。

目前，黄河中游已成为国家水土保持生态建设和退耕还林工程的重点实施地区，经过多年治理，黄土高原水土流失面积已经减少为最严重时的一半，退耕还林、宜林荒山使得流域内植被覆盖率不断提升，成效显著，但黄河中游生态系统依旧不稳定，脆弱性极强，需要实施更严格的生态保护措施。

（三）水资源供需矛盾问题

随着太原城市群、中原城市群、关中平原城市群等城镇化进程加快和工业化发展提速，黄河中游地区的用水需求还会继续增长，未来发展进程中所面临的水资源短缺的压力会持续增大。水资源节约集约利用是黄河中游地区高质量发展中需要解决的突出问题。与此同时，黄河中游地区还存在水资源利用粗放、工农业用水效率低等问题。黄河水资源总量供需矛盾明显，黄河流域农业用水量较大、生态用水量较小，导致流域内生态修复能力较弱。

（四）工业污染问题

黄河中游所途经的河南省、陕西省、山西省均为能源消耗大省，由于经济发展的需要，能源、化工和有色金属工业等主导产业所引起的污染并不能引起政府重视，引发雾霾、酸雨等极端天气，煤炭资源的开发对地表土层造成破坏，加重了地区黄土高原的侵蚀，威胁到流域整体生态功能，加重了流域的生态脆弱性。

黄河流域途经的三省份均为"三废"排放大省，但具体工业污染类型有所区别。河南省借助中原崛起战略迅速发展，但由于工业发展引起的一系列污染问题不容小觑，工业废水直接排向河流，滩涂非法采砂难以遏制，秋冬季节雾霾天气频发，影响居民的正常生产生活。目前河南省实行了较严格的工业废水和固体废物治理行动，但工业废气的治理效果在全国处于中下水平。陕西省借助西部大开发，经济速度有所增长，但"三废"排放量始终居国家前茅。由于资金分配不合理，陕西省环境治理资金较为匮乏，无法修复受损生态环境，且会进一步影响经济可持续发展。山西省的"三废"排放量一直处于增长态势，主要以工业废水排放为主。由于黄河流域途经大面积山西省领域，对河流进行废水排放，会直接威胁下游居民饮水安全，同时污染土壤，导致整个生态系统无法形成良性循环，从而出现生态危机。

工业污染主要包括废水、废气及固体废物。黄河中游的工业废水排放是现阶段水污染的主要原因，能源化工地区大宗工业固体废物堆积成山，由于黄河中游生态脆弱，一旦被破坏，生态恢复十分困难且缓慢，对土壤、地下水的污染是长期性。黄河中游城市的采矿业产值与大气污染产生量的变化基本呈现高度的同步性，采矿工业产值的增加会显著引起工业 SO_2、工业粉尘等工业污染气体排放量的增加，且主要是受到矿产资源开发利用的选矿阶段的影响，该阶段会有大量的废气、烟尘、粉尘甚至有毒有害气体排放。

（五）生物多样性问题

黄河中游途经汾河、渭河、无定河等一级支流，水量大，泥沙多，堆积导致河床变宽，形成大规模湿地，成为国内迁徙鸟类重要的觅食、停歇和越冬地，同时也是华北地区生物多样性最为丰富的地区之一。黄河中游的动物以鸟类为主，还有其他少数哺乳动物、爬行动物、鱼类等，植物主要以柳树、杨树等群落为主。黄河中游湿地区域旅游资源丰富，沿河滩区开发旅游格局基本成熟，节假日会有大批游客前来游玩，且有商家为追求经济效益，破坏原有物种，频繁的人类活动破坏了黄河流域生态系统的稳定性，导致湿地功能退化，生态环境破碎化严重，一些物种濒临灭绝，生物多样性持续减少。由于盲目开发及人类活动，超过一半的鸟类种群数量减少，黄河中游湿地植物分布不均，缺少大型自然保护区，一些商家私自引入外来植物，造成生物入侵，破坏原有的生态平衡。

黄河流域途经的三省份物种资源都较为丰富，都面临政府部门不重视的问题。河南省生物多样性较为丰富，拥有 5 个国家级自然保护区及一个省级自然保护区，但由于河南省人口密度大，频繁的人类活动入侵了动物的生活空间，且政府相关部门保护力度不够，导致多种濒临灭绝生物数量下降，因此河南省规划建立全省覆盖的湿地公园，提升物种丰富度。目前已建立省级以上湿地公园 48 处，面积达 133 万亩。陕西省的秦岭地区是全球生物多样性最为丰富的地区之一，拥有大熊猫、朱鹮等珍稀濒危物种，通过实施严格的生态保护政策，秦岭区域的生态环境质量持续改善，生物多样性正逐年恢复，野生动物数量不断增加。山西省生物资源主要分布于太行山区域，虽然山西省湿地面积不大，仍有大量候鸟将其作为迁徙途中的停歇地，但政府并未出台专门的保护条例及严格的措施，迫使候鸟改变迁徙途经，影响物种多样性。

三、黄河中游生态环境保护与经济发展的影响因素

（一）市场因素

市场通过"看不见的手"高效配置黄河中游区域的劳动力和资本，提高生产效率，增加收入水平。黄河中游区域的生态保护与高质量发展是一个系统工程，是以市场机制为驱动的，市场运行效率的影响因素包括市场规模和金融发展程度：一是通过市场机制促进黄河中游区域内经济发展要素集聚，获得规模经济，伴随着黄河中游区域内重大战略的发展，在市场交易中获得更多优势，逐步加强与周边区域的合作交流，加速黄河中游区域经济发展的步伐；二是资本市场的发展有利于黄河中游区域的企业获取金融支持，做好资源转型的筹备，例如，创新型企业和科研机构可以获得更多资金用于购买智能化的技术和设备，推动智能化的改造，利用先进技术设备实现高速发展。

（二）政府因素

政府因素包括政府干预、环境规制两个方面。在政府干预社会在发展过程，各方面积极合作，发挥区位优势，促进人才、项目以及科技之间的互通和对接，优化产业结构，实现经济的可持续发展。目前，环境保护越来越成为政府和企业关注的重点，在环境规制下，政府需要采取措施来减少企业对环境的污染以及能源的消耗。黄河中游区域许多城市属于资源转型城市，水土流失严重，所以环境因素是影响黄河中游区域高质量发展的主要制度因素。通过市场经济来引导产业发展经常会存在"失灵"的情况，政府干预是政府主动调节市场的一种方式，能提高公共品供给、完善建设基础设施、促进高质量发展。

（三）内源因素

内源因素包括人力资本、技术研发、资源禀赋和生态环境等影响企业内生发展能力的因素。技术研发能够有效地促进黄河中游区域的创新，对黄河中游区域的发展起到支撑和促进作用。内资企业发展自然会引导资源技术合理流动，城镇协同发展，具体体现在以下三个方面。

第一，在高质量发展的背景下发挥内生驱动，自主高效创新，在知识、技术、理念等维度展开全面合作，扩展区际交流沟通，实现要素向中心城市集中，进一步发挥中心城市的带动作用，将要素由中心城市向周边地区散射，促进城市群、都市群整体竞争力发展。

第二，以内源因素为驱动，将城市高质量发展与生态环境状况相适应。以合理完善的政策去引导内资企业，使其在发展过程中要把循环经济作为首先考虑的内容，依照循环经济的理论，大力推动建设生态工业园区，加强内生动力以及可持续发展。

第三，以内源动力为驱动，有助于打造特色城市，完善城市产业空间布局，形成"交通连接、产业支撑、生态文明、特色城镇"的发展新格局。

（四）外源因素

外源因素主要是指通过对外开放吸引外资，加强区域内企业间和企业与外国机构的交流，以外向动力拉动本区域自主创新能力提升，带动产业结构优化升级。对外开放一方面利用本区域的资源优势和外资技术管理优势畅通要素自由流动的通道，为本土企业带来需求，注入资金，拉动就业，推进可持续发展；另一方面打通了两国间经济交流的通道，通过基础设施互联互通，加强两国经济主体间的交流和沟通，推动要素集聚和产业集群发展，以产业转型升级的方式推动本土经济腾飞，以产业转移的方法带动周边区域协调发展。

第二节　黄河中游流域生态环境保护与全面高质量发展路径

一、加强黄河中游流域的顶层设计

将黄河中游地区作为一个有机整体，建立生态保护和高质量发展的长效机制，促进生态良性恢复，构建人与自然和谐共生的良性机制。在黄河中游地区生态治理过程中，要以水沙调控为重点，通过退耕还林还草、旱作梯田、淤地坝生态工程建设等重大生态建设工程减少水土流失；同时继续加强对泾河、渭河等重要黄河支流的综合治理，推进生态脆弱区域的生态修复工作，实现生态的良性恢复。

根据习近平总书记"共同抓好大保护，协同推进大治理"的战略构思，黄河中游区域要以绿色发展为基础，注重生态环境的保护。各区域都应从自身资源禀赋和实际情况出发，在区域合作中发挥比较优势，找准自身城市的发展定位，因地制宜地开发自然资源，并且在开发过程中要确定差异化的考核方式，促使区域内政府、企业及其他相关主体的积极性能被充分调动。要在党中央的领导之下，发挥社会主义优越性，集中力量解决水土流失、环境污染、经济转型缺乏动力的问题，树立"一盘棋"思想，完善黄河中游区域治理体系建设。根据黄河中游区域生态保护与高质量发展的具体情况，提出以下建议。

第一，黄河中游区域生态保护与高质量发展要划分合理的流域治理范围。目前我国跨行政区的流域综合管理机制体制没有得到健全，相应的法律、政策、监管、执法能力也无法完全适应黄河中游区域的绿色高质量发展需要。应当从传统的行政区管理改为流域管理机制，依据流域的比较优势和功能规划，管理部门充分体现上述分工特征，整合各区域资源，共同致力于黄河中游区域资源和环境的保护和开发，在流域整体保护的同时加强区域协调治理。

第二，黄河中游区域生态保护与高质量发展要符合自身特色，充分体现环境保护的发展要求。加速退耕还林还草工作的进程，适当提高退耕的经济收益，激励相关经济主体在黄河中游区域积极种植生态林和经济林以及建设淤地坝等防护措施，以含蓄水源、保持水土、改善生态系统修复能力；改善水资源利用多头管理造成的低效率，大力发展节水技术，推进调水公共事业发展，加强企业污水治理工作，解决黄河中游区域水资源供需不合理问题。

第三，黄河中游区域生态保护与高质量发展要坚持对内和对外开放。一方面，对内要以黄河中游区域文化为纽带，加强黄河中游沿线城市人才交流和科研合作，提高产业产品的附加值，有效利用资源禀赋特征，创造品牌效应；另一方面，对外开放则要求黄河中游城市积极参加自贸区建设、"一带一路"倡议和"向西开放"政策，通过扩大海外市场，加强与中亚、欧洲等地的交流，提高对外开放水平，引进先进经济、管理、技术及各项理念消化吸收，取其精华去其糟粕，提高自身经济发展水平和自生能力。

第四，黄河中游区域生态保护与高质量发展要充分发挥政府的作用，主要在完善信息公开制度和合理引导政策资金两方面。完善信息公开制度方面，通过互联网技术公布可以公开的政府信息，积极打造"阳光政府"，提高政治上传下达的效率，提高政府和政策的透明度，让人民大众更好了解和领悟政府的意图。合理引导政策资金方面，通过政策引导资金至生态修复工程中去，鼓励政府出资购买生态商品，允许并提倡生态项目的发展，为生态发展注入变革的动力，以产业和投资带动区域生态环境的改善。黄河中游区域生态保护与高质量发展需要在法律允许的领域尽可能提高公共参与度、合理引导资金，"以人民为中心"彻底提高黄河中游区域环境质量和经济发展水平。

第五，黄河中游区域生态保护与高质量发展要积极促成区域间交流合作。"十四五"时期，重点开展西安、太原和郑州都市圈建设，无论哪个城市圈都要加强中心城市和周边区域的经济交流、产业分工，加强城市圈内部和与外界连通的交通设施建设，提高核心城市对要素的吸引力，发挥区域比较优势完成优势产业建立和发展，实现都市圈经济一体化。黄河中游途经的城市自然条件与经济发展状况差异大，黄河中游城市的经济水平差别大，想要实现黄河中游城市整体的高质量发展，必须注重区域协调发展，构建跨区域协作长效机制，缓解黄河中游整体脆弱性。因地制宜进行生态建设，注重黄河流域整体协调发展。黄河中游途经的城市土地生态脆弱性呈现出南北较高，中部地区数值较小的趋势，区域差异大，结合习近平总书记对黄河流域高质量发展的要求可知，想要发展好黄河流域，应在科学指导下，根据各城市的自身土地利用特点制定相应对策。例如，针对山西省林地和牧草地始终处于生态赤字的现实情况，要求山西省积极采取退耕还林、退耕还草等措施，恢复植被，扩大绿地面积，减轻林地与牧草地的生态负担；陕西地区的土地荒漠化、水土流失现象严重，需在该地周边的生态敏感区，营造林、灌、草相结合的防风固沙林网，减轻沙漠化对人类生存环境的影响。加快城市群建设，推动晋陕豫黄河金三角建设。位于晋陕豫三省边缘的河南省的三门峡市、陕西省的渭南市、山西省的运城市与临汾市被称为"黄河金三角区域"，此区域位于中原腹地，处于多项交通运输的枢纽地带，2014 年国务院正式批准黄河金三角区域合作规划，给黄河中游城市协调发展提供了良好的范本。随后，黄河金三角区域达成了多个协作项目，省际融通资金多达数亿元，物流联合发展全面加强。但仍存在一系列问题，例如，区域合作制度没有成型，分工不明确，跨地区资金贷款受限制，各城市产业结构雷同，导致区域性发展未达到真正的预期效果。应借助中部崛起战略及黄河中游高质量发展契机，总结以往经验，加强顶层设计，努力把晋陕豫黄河金三角区域建设成为全国区域协调发展的改革试验先行区。推进上中下游城市协同治理，形成长效机制。习近平总书记针对黄河流域建设提出"推进协同大治理"，这要求黄河流域各省份积极探索合作方式，共同商讨治黄大计。但目前，由于我国实行行政区域管理，在流域管理问题上，部门条块分割，环保部门、水利部门、农业部门等都有一定的管辖权，由于所属行政区划不同导致的部门推诿现象时有发生，使得黄河流域环境问题得不到彻底解决。各沿黄省市应根据习近平总书记的指示，积极协商，探索跨区域政府主导、社会参与、公众遵守的多元主体协同治理机制，用市场手段补偿沿黄地区因生态保护所牺牲的经济发展，鼓励市场进入黄河流域水资源、土地资源等治理过程，并加快推动制定相关区域合作法规，为跨区域合作提供有力的法律支撑。

　　黄河的治理，重点是保护，关键是治理。黄河中游区域生态环境保护与高质量发展要坚持生态优先、分类施策，共同抓好大保护，协同推进大治理，提高黄河中游区域人民生活质量。

　　在经济建设中要实现区域一体化发展，建立中游的综合比较优势，强化基础设施建设，推动现代服务业发展，同时要实现资源要素的优势互补，建立科学合理的产业分工体系，以生态赤字减缓为目的，调整生产生活方式。黄河中游城市大多以煤炭资源为主要使用能源，并重点发展农业及工业，服务业占比不大，为减缓城市生态赤字，实现可持续化发展，应转变生产方式，减少化石能源使用比例，注重使用清洁能源，调整产业结构，加大第三产业发展力度，实现产业融合发展，同时，加强宣传教育，引导居民转变生活方式，通过以下发展路径，实现绿色健康发展。

　　第一，调整能源利用结构，加大清洁能源使用力度。黄河中游城市的生态赤字主要集中于化石能源用地，例如，洛阳市、三门峡市正是由于化石能源用地产生的足迹过大，使得整个城市的生态状态由盈余转为赤字，山西省与陕西省生态赤字状态与化石能源用地占比呈正相关。根据能源足迹构成可知，煤炭和焦炭消费产生的足迹在人均能源生态足迹占比达到70%，资源型城市过重的不可再生能源比例，使得黄河中游城市在经济发展中普遍贪大求快，往往会过度依赖煤炭、焦炭等不可再生资源，从而对城市的河流、大气环境、土壤造成不可逆转的伤害，反而不利于经济的长久平稳增长。应降低能源消耗，优化能源消费结构，加快开发清洁能源，有较为丰富的自然资源的区域，可利用风能、太阳能等可再生能源实现经济发展，逐步减少对焦炭、煤油等传统能源的大量消耗和过度依赖。

第二，调整产业结构，推动多产业融合发展。黄河中游途经的城市多以第一、二产业为主要发展方式，产业结构较为单一，发展方式较为粗放，应推进产业结构转型。首先，应推动农业现代化建设，在保证粮食产量基础上，发展生态农业、绿色农业，实现规模化发展；其次，应加快发展先进制造业，引入技术密集型产业，做大做强新兴产业，发挥科技创新优势；最后，应注重服务业发展，为第三产业发展提供有力支撑，在有资源的地区大力开发旅游资源，形成增长极。在此过程中，应探索旅游、文化产业结合点，融合黄河文化，打造特色旅游品牌，通过农旅结合、文旅结合实现产业融合发展，强农兴工、城乡统筹的多元化协调发展。

第三，加强宣传教育，优化居民生活方式。黄河中游城市中没有一线城市，人民生活水平不高，尤其是一些村镇居民仍以煤炭、树枝为燃料，生活生产垃圾混合倾倒，导致空气浑浊、污染地下水。黄河流域治理升级成为国家战略后，各政府部门应加强宣传教育，运用新媒体，选取多种方式普及环境保护知识，加强监督，抵制燃烧秸秆，使用清洁炉，垃圾分类处理，逐步转变居民简单粗放的生活方式，养成节约资源，保护环境的良好意识，为黄河中游环境绿色可持续发展治理贡献力量的同时也能改善人居环境，助力乡村振兴。

二、完善黄河中游流域的水沙调控机制

统筹水土保持工作，加强水土保持生态工程建设，持续推进退耕还林还草、旱作梯田、淤地坝生态工程建设等以改善黄河中游地区的生态环境。同时，要因地制宜、分类施策、尊重规律，结合中游不同区域的特点采取差别化的生态恢复措施：在黄土高原核心区域主要以保护土壤、增加植被覆盖、拦沙减沙等为基础功能，加强水土保持，减少水土流失，以植树造林、退耕还林还草、旱作梯田、淤地坝生态工程建设等为重点，进一步提高生态环境承载能力，减少入黄泥沙，通过减少中下游的泥沙淤积来减少下游的地上河和悬河；在关中平原以及中原地

区，以农田防护、生态恢复和人居环境修复和保护等为基础功能，增强现代农业生产能力，坚持恢复水土保持生态建设。同时要着眼于减少黄河中游的水旱灾害，完善防灾减灾体系，提高应对灾害的能力，以保障黄河长久安澜。

黄河下游的洪水泥沙威胁是中华民族的心腹之患，保障下游防洪安全是黄河治理开发保护的重中之重。进入下游的洪水及泥沙主要来自黄河中游的河口镇——三门峡区间，其年水量占全河水量的 35.6%，而年沙量却占 89.5%。因此，黄河中游水沙调控目标为：一是联合管理黄河洪水，在黄河发生特大洪水时，合理削减洪峰流量，保障黄河下游防洪安全；二是联合拦沙和调水调沙，泄放有利于河道冲刷和输沙的大流量水流过程，减少河道主槽淤积，恢复维持中水河槽的行洪输沙能力，同时上级水库提供水流动力冲刷下级水库淤积的泥沙，上级水库排沙时下级水库进行二次调控；三是联合调节径流，保障黄河下游防凌安全，发挥供水和发电等效益。

黄河中游流域主要以小浪底水库为主进行调水调沙运用，中游的万家寨、三门峡水库以及支流水库适时配合，减轻下游河道淤积，逐步扩大下游河道主槽的过流能力。古贤、碛口、东庄水库运用后，黄河中游形成完善的洪水泥沙调控子体系。水库拦沙期，可联合已建干支流水库，拦排结合，适时造峰，泄放有利于河道冲刷的流量过程，减轻下游河道淤积，恢复维持下游河道中水河槽规模，冲刷降低潼关高程。正常运用期，在保持防洪库容的前提下，利用槽库容联合调控水沙，长期发挥调水调沙作用。支流东庄水库主要用于调控泾河洪水泥沙，采用"泄大拦小、适时排沙"运行方式，即泄放有利于渭河下游河道冲刷的大流量过程，拦蓄容易造成渭河下游河道淤积的高含沙小洪水，并根据来水情况适时排沙冲刷恢复水库库容的运用方式，减轻渭河下游河道淤积，相机配合干流调水调沙。

优化黄河中游古贤水利枢纽的开发目标与建设规模，尽快启动建设。小浪底水库是目前黄河中下游唯一能进行水沙综合调节运用的水利枢纽，其库容弥足珍贵，直接影响黄河下游防洪、生态和供水安全。需要在小浪底水库拦沙库容淤满前，在黄河中游干流建设一座控制性水库，与小浪底水库联合进行水沙调控。黄河中游古贤水利枢纽工程建设条件较好，该工程建成后，将彻底扭转黄河小北干流河段持续淤积局面，有助于降低黄河中游潼关高程，同时，古贤水库与小浪底水库联合调度，将解决小浪底水库调水调沙后续动力不足的问题，可长期维持下游河道河槽的行洪输沙功能，缓解"二级悬河"不利态势等。但从黄河来水来沙量趋势研判来看，未来古贤水利枢纽坝址断面以上来沙量要远小于规划采用数值，水库拦沙库容明显偏大。建议基于黄河未来可能的水沙条件，进一步优化古贤水利枢纽开发目标和建设规模，并尽快启动工程建设。

黄河中游水沙调控还要运用上游和中游联合机制，根据黄河水沙异源的自然特点，决定了上游调控必须与中游调控有机地联合运用。为协调黄河水沙关系，上游调控需合理安排汛期下泄水量和过程，恢复宁蒙河段中水河槽，为中游调控联合调水调沙提供水流动力条件。中游调控塑造适合于下游河道输沙的水沙过程，减轻水库及下游河道淤积。在现状工程条件下，上游龙羊峡水库高水位控制，适时拦洪运用，保证上游防洪和供水安全。根据洪水演进情况，中游小浪底水库提前预泄，保持低水位运行，最大限度预留防洪库容，应对中游可能发生的暴雨洪水，并与上游下泄大流量过程对接，增强水库调水调沙后续动力，达到水库和河道减淤效果。

同时要转变发展理念，注重协调发展，实现经济高质量发展要加强生态环境保护，黄河中游区域应放弃唯GDP是求的落后模式，充分认识各地区资源禀赋条件，因地制宜保持水土、治理污染，对地区水资源使用进行重点整治，力求恢复黄河流域生态环境，保障其长治久安；在黄河中游区域发展过程中，大力弘扬黄河文化，深度挖掘其中所蕴藏的文化价值，为实现中华民族伟大复兴的中国梦凝聚力量；实现高质量发展，统筹协调各子系统进步，实行优惠优先政策，发挥创新、人才、知识等要素的空间溢出效应，推动区域经济共同发展，缩小地区差距，由点及面协同提高各区域生态保护与高质量发展水平。

三、创新黄河中游流域的管理体制

（一）推进湿地管理法治建设

保护是可持续开发的基础，法制是保护的保障，强有力的法治建设对于治理湿地过度开发和遏制破坏行为发挥着关键作用。加快出台《黄河法》《黄河流域生态发展管理规定》等一系列政策性法律法规，明确黄河流域开发治理保护和管理的约束底线，各地区应立足黄河流域生态保护和高质量发展战略目标，构建发展战略框架，依据国家出台相关法律法规，结合自身特点和实际情况加强法治建设，应重视地方立法先行原则，针对性颁布地方性政策、法规和规章制度，明确责任主体，规范责任问责和保护机制，建立湿地保护推介和奖励机制，建立健全湿地占用补偿制度等。

（二）健全监督管理协调机制

针对不同区域特点明确专门的湿地发展原则，正确处理好湿地生态保护和开发利用、短期利益与长远利益的关系，亮明态度，坚持保护优先的原则。实施湿地确权和登记，从而为湿地保护和管理提供保障。细化各部门管理职能分工和义务，定岗定责，并积极进行考核，对于不作为和乱作为的责任人实行问责追究。同时完善各部门协调合作能力，提高各部门联动性，以"河（湖）长制"为支撑，建立"流域—区域—行业"多维度管理联动机制，加强流域内各区域合作，打破行政区划对于生态治理的束缚，形成优势互补的局面，从而缩小区域间湿地生态保护机制差距，统筹发展，促进流域资源高效配置。规划实施行之有效的管理办法和实施细则。加强对湿地范围和功能的研究与监测，掌握湿地发展变化的有效数据。河（湖）长制本质上是流域、湖泊生态环境管理领域的党政领导干部责任制。它以实现流域湖泊生态环境可持续发展为目标，以统筹协调流域湖泊管理为制度功能，以流域湖泊污染防治和生态保护为履责内容，涵盖河湖长委任、运行、监督、考核、问责等全过程。建立河（湖）长制的目的在于革除既有的流域湖泊碎片化治理弊端，明晰生态环境治理责任，形成新的整合协调机制。创新黄河中游流域的管理体制，还要推动中央统筹、省负总责、市县落实的工作机制，以河（湖）长制为抓手，要以抓铁有痕、踏石留印的作风推动各项工作落实，通过流域管理部门和区域行政部门的协作管理，努力建设生态健康的美丽黄河，使黄河成为造福人民的幸福河。首先，要强化黄河属地党政领导班子的责任，建立党政负责、公众参与的工作机制，落实沿黄各省区和有关部门主体责任，建立新型治理及考核机制。其次，要充分发挥河（湖）长制的统筹协调作用，明确治水职责，整合流域资源，鼓励引导社会资本参与到黄河中游生态环境保护和高质量发展中来，在系统治理与综合治理的过程中形成中游治理的强大工作合力，彻底消除"九龙治水"乱象。最后，对推进黄河流域生态保护和高质量发展领导小组的机构进行科学合理设置，由中央领导小组进行统一规划、统筹管理，制定严格的惩罚机制。

（三）普及生态环保意识

坚持好保护优先，合理利用的原则，始终将保护放在生态旅游发展的首位，划定并严格坚守生态底线标准，引入旅游环境系统、旅游环境容量、可接受改变极限等前沿科学指导下的相关制度，推进生态旅游集约化绿色发展。不断优化生态里有发展布局，可以考虑以湿地生态稳定和健康为名片的特色产业，探索以生态旅游为途径的新的发展形势助力贫困地区脱贫攻坚。加大宣传力度和投入，提高湿地生态保护重要性思想的曝光度，促使人们提高保护意识，同时探索新的宣传途径，推动以游促宣，在保证设施安全性能的前提下采用环保，透视度强，拆除方便的设施进行旅游设施建设，通过控制游客数量和规划旅游路线的方式尽量减少对湿地环境的干扰和破坏。在观赏游的基础上升级科普游，在确认安全无害的情况下允许游客与湿地及生物亲密交流，同时配备环保大使对生态保护等方面的知识和思想进行大力宣传，促进游客对保护自然产生寓情于景式的深入理解和共鸣，强化宣传效果。

（四）完善资金和人才投入机制

建立资金与人才引入的法制规范，实行投入主体多元化和资金来源多元化，积极促进与银行、投资单位等合作，鼓励信誉好、有开发利用经验、使用过程中保护得力的社会资本进入湿地保护和环保领域，对湿地进行合理有效开发利用。促进与诸如湿地国际、世界自然基金会等国际组织、非政府组织、学术团体及科研单位合作交流，鼓励其开展科研交流活动和专项资金支持。积极引入如湿地承包管理责任制等发展和保护利用湿地资源的新模式，从而探索出最适宜地区湿地保护和发展的模式。

四、加强黄河中游流域的生态综合整治

生态足迹是一种量化生态状况来衡量区域可持续发展的概念和方法。生态足迹可以定义为研究区域内居民所消费的全部自然资源、能源资源和消纳其所产生的全部废弃物所需要的生态生产性土地面积。生态生产性土地指具有生态生产能力的土地和水域。根据生产力大小的不同，可将地球表面生态生产性土地分为六类：耕地、草地、林地、水域、建设用地和化石能源用地，它的目的是将各类自然资本的统一度量进行比较。足迹深度表示需要多少倍自身土地面积才能满足目前居民需求，黄河中游城市的生态足迹深度在空间分布上差异大，有的城市能基本满足目前居民需求，有的城市需要自身8倍的土地面积才能满足居民需求。想要降低足迹深度，需要采用现代技术辅助判断生态状况，并建立严格的生态补偿机制，同时，协调各部门力量实行综合整治。

第一，利用先进技术科学判断生态状况，推进精准治理。黄河中游城市的生态状况与经济发展各有不同，也存在区域间的差异，为国土部门提供良好参考进行个性化治理。生态环境建设需要科学指导，技术发展为缓解资源短缺、抑制环

境恶化提供了有效的技术途径。3S技术能直观、准确的展示各地区的土地利用现状，为相关部门进行土地利用规划、调整各类用地面积等提供了技术支撑，使得各地区在进行土地利用规划时有据可依。新技术、新方法的推广使用使土地利用更具有科学性，要实现土地生态系统的可持续发展，应加强对可持续发展科技工作的投入，利用信息技术，建立可持续发展信息系统，为科学决策服务。

第二，建立严格的生态补偿机制。生态补偿机制有助于协调生态利益和经济利益，有效的生态补偿有助于解决水资源供需矛盾，能够促进区域间协调发展。近年来，黄河中游途经的省份已经开始了生态补偿机制的探索，例如，河南省规定在各地市开展地面水资源质量生态补偿、山西省对省内跨界河流设置生态补偿试点、陕西省推动污染严重的渭河流域生态补偿探索，这些措施使得黄河中游水资源质量明显改善。目前，黄河中游途经的一些城市为保障上下游居民的饮水安全，放缓了区域经济发展，应借鉴已有模式，总结现有经验，为这些城市提供经济补偿，促进其经济发展，探索跨区域协调生态补偿机制。

第三，多部门合力加强生态环境监管。黄河中游的太原市、渭南市、晋城市的足迹深度值远高于其他城市，其目前消耗的生态资源需要8倍、4倍、3倍自身的土地面积才能满足当地居民生产生活需求，这已经严重超过该地区土地所能提供的生态供给。消耗值过大超过了生态环境的最大承载力，就会引发雾霾、沙尘暴、泥石流等恶劣自然现象，人为破坏也引发了居民对环境质量改善的诉求，对环境问题的零容忍，想要消除由此引发的社会矛盾，必须多部门合力建立健全生态环境监管体系。环境问题涉及多个部门，应将本地区环境状态纳入各部门考核目标，合理设定全省及各地生态环境保护约束性和预期性目标，纳入国民经济和社会发展规划、国土空间规划及相关专项规划，制定具体实施细则，统筹推进目标落实。同时，应实现生态环境机构监测监察执法垂直管理，加快建立健全条块结合、各司其职、权责明确、保障有力、权威高效的生态环境监管体制。对于黄河流域所经地区，应成立黄河流域生态环境保护专项督察组，加快推进城市建成区重污染企业迁出整治、关停退出。

五、构建黄河中游流域开放合作的创新格局

开放合作是实现黄河中游高质量发展的内在要求，是促进该地区高质量发展的重要途径，是破解该地区高质量发展进程中存在的难题的永续动力。首先，要积极参与共建丝绸之路经济带。丝绸之路经济带建设是黄河沿线省区走向世界的窗口，同时也是黄河中游地区高质量发展中的重要机遇，要努力使其成为高质量

发展的重要抓手。陕西是丝绸之路经济带建设中的重要省份，要以丝绸之路经济带建设为契机，拓宽黄河中游地区对外开放的道路。其次，要坚持"走出去"和"引进来"相结合，让黄河中游地区的资源优势和市场规模优势成为高质量发展过程中的重要优势。"走出去"，在与世界的交流互鉴中展示黄河魅力、弘扬黄河文化，打造文化产品，实现产业转移，提高市场开放度；"引进来"，加强与其他国家和地区的合作交流，大力引进高新产业、技术、资金、人才以及先进的管理经验等，强化与其他国家的市场联系和人才交流，让合作成为黄河中游地区高质量发展的内生动力。最后，重视内陆型自由贸易试验区的作用。陕西自由贸易试验区和河南自由贸易试验区是我国内陆对外开放发展的标志性成果，也象征着我国内陆对外开放迈上了新的台阶。设立自由贸易试验区是我国在探索对外开放进程中的新路径和新模式，在高质量发展进程中要强化自由贸易试验区先行先试、扩大开放的重要作用，优化属地经济结构，构建与其他国家和地区合作发展的新平台，培育黄河中游地区新的竞争优势。

黄河流域的生态保护与高质量发展需要依靠制度和技术创新的支持，随着全球范围新一轮信息技术加速演进，商业化进程不断取得新进展，创新成为引领经济发展的驱动力。创新发展内容多样化，可以从以下三个方面来阐述。

第一，企业创新。绿色发展可以通过鼓励企业进行创新，企业是高质量发展载体，企业创新活动增加既能促进经济的增长，又能减少污染排放，提高经济效率，为经济社会的发展提供新的动力，推动黄河流域生态保护与高质量的发展。技术进步为黄河流域的产业发展提出了新的挑战，要求该区域企业要进行智能化升级改造，这需要以人力资本充足为前提，因此人力资本是推动经济社会可持续发展的重要原因。在环境规制的条件下，企业要实现清洁生产和绿色技术创新，就需要使人力资本专业化，只有这样，可以提高技术的创新力，使绿色发展的理念融入生产环节，从而达到节能减排以及产业创新的目标，解决黄河流域产业规模偏小、支撑力不足的问题，促进经济的高质量发展。技术创新导致环境的改善，环境改善吸引大量的人才，从而导致人力资本集聚、调整资源配置效率、改善营商环境，而且创新主体之间的交流会引发知识溢出效应对周边区域产生积极的影响。习近平总书记提出要加快 5G、人工智能等数字化建设。发展数字经济，培育黄河流域高质量发展的新兴业态，促进传统和新兴产业相互结合，这有助于黄河流域产业结构优化。

第二，制度创新。回顾黄河流域创新发展历程，制度创新起着举足轻重作用。

黄河流域绿色发展的过程中，不合理的环境规制程序，会增加企业的经营成本，影响企业的创新投入，通过制度创新可以使产权明晰、明确分配制度、降低交易成本。不合理制度下技术进步速度慢，产业结构与生产力水平不适合我国高质量发展的需要，会导致供需错配，造成短缺与过剩共存的局面。制度创新的滞后还会造成要素价格扭曲，导致受益企业在发展过程中产生根深蒂固的路径依赖，影响公平有序发展环境的缔造。综上所述，制度创新为黄河流域的生态保护与高质量发展提供了保障，为黄河流域经济高速增长提供了制度环境和体制动力，推动黄河流域生态保护与高质量发展。

第三，政策创新。政府在我国高质量发展的过程中一直扮演着不可或缺的作用，绿色产业在发展的过程中具有正外部性。为了防止由此而带来的供给不足的现象，政府应该制定出符合市场发展规律的合作机制，建立适合绿色产业发展的激励机制以及符合市场规律的创新目标，增强相关市场的动力，这就需要各省区政府制定政策时坚持市场化改革的方向，推动资源要素的流动。我们常常只关注制度创新，企业创新，政策创新的一个或几个方面，却忽略了这些创新之间的协同作用，我们应该通过协同创新达到全面创新，进而实现黄河流域生态保护与高质量发展。

在创新驱动的大环境体制下，任何部门都不能忽视企业在区域发展中的作用。中游区域在经济发展的过程中，制造业绿色高效转型以及创新产业的发展是实现绿色发展的重要保障。当前，自主创新能力是全球国家核心竞争力的体现，黄河中游区域，让创新发展引导经济结构转型升级，开展新一轮科技革命，促进行业更迭，转化发展动能，具体包括以下两个方面的内容。

第一，黄河中游区域的发展要注重革新产业。黄河中游创新改革要以绿色发展为基，着重发展郑州、西安国家自主创新示范区，提升区域要素吸引力和国际竞争力。首先，需要立足国家绿色协调可持续发展理念，大力开发清洁能源和可再生替代资源的开发，通过新能源开发促进区域产业结构调整，实现创新带动环境保护和产业结构发展的格局；其次，加强"产学研"协同发展，提高创新的积极性和产出效率；最后，注重人才的积累，人才是创新最重要的基础，黄河中游区域应注重吸纳和培养人才，依靠人才溢出效应带动产业升级。

第二，中游区域的发展要关注技术创新。科技升级带来的智能化、信息化的发展与传统技术相结合，产品质量作为发展过程中基本要求，推动数字化、信息化、网络化在制造、运输、售卖过程的改进；加强基础设施建设，补工程基础短板，加速绿色制造产业升级优化，使用先进生产技术，实现绿色集约化发展；掌握重大领域的核心技术，拥有独立开展科研创新能力。

六、深化黄河中游流域的市场化改革

市场最有高效的手段是配置资源，改革开放以来的成功经验就是推进市场化的进程。黄河中游区域的市场化水平整体较低，深化黄河中游地区生态环境保护和高质量发展的市场化改革要从以下方面着手。

第一，黄河中游区域生态保护与高质量发展要完善基础设施建设，尤其是交通设施的建设。黄河中游区域不具备通江达海的条件，要想实现扩大对内对外开放的政治愿景，需要依托国家的建设项目，积极参与"十纵十横"综合运输大通道建设，共同建设丝绸之路经济带运输走廊，提升重点城市的交通运输能力，强化相互间合作互惠。虽然黄河的航运条件有其局限性，但也应当积极进行研究，通过科研手段恢复与发展黄河中游区域航运，强化区域内部合作交流能力。

第二，要充分发挥政策引导资金的积极作用，鼓励和加强当地政府与社会资本的合作，引导社会资本投入黄河中游地区生态保护和高质量发展中来。

第三，要实现水资源的集约节约利用，加快动态水权管理、水资源利用的市场化改革，在水资源利用中坚持"有多少汤泡多少馍"的思想，把水资源作为黄河中游地区高质量发展进程中最大的刚性约束，以节水定额标准体系为基础，建立反映水资源供求与供水成本的动态水价调整机制。

第四，支持企业对黄河中游进行保护性开发，建立生态——经济融合的新发展模式，鼓励地方政府适当将流域开发经营的权力交给企业，企业在进行生态保护的同时发展生态旅游等特色项目，在生态环境保护的同时获得经济收益，从而建立生态—经济融合的长效发展机制。

第五，在黄河中游地区创新发展的过程中，推动流域管理体制深化市场化改革，开拓符合中国特色社会主义市场经济规律的体制创新道路，通过制度红利促进发展，进而推动黄河中游地区生态保护和高质量发展。在体制改革中，需要黄河中游各省区坚持深化市场化改革方向，加快推动资源的自由流动以提高资源配置效率，同时要转变政府职能，通过简政放权营造良好的营商环境。黄河中游区域生态保护与高质量发展要为私营经济发展提供有效的保障和足够的动力。要逐渐完善商品和要素市场，优化营商环境，提供便捷的金融服务，让各个企业拥有权利、机会和规则方面的公平。全面实行减税降费、金融补贴制度，缓解中小型企业融资约束问题，降低企业申办、运营、生产过程中的成本，提高私营企业的利润率，促进"大众创业、万众创新"事业的发展；鼓励中小企业与民营企业之间进行交流合作，提高要素的流动和配置效率；大力推行放管服改革、"互联网＋政务"等策略，降低企业运行过程中审批的难易程度，减少寻租行为；聚焦物联网、大数据、5G 等高技术板块，以先进技术带动资源配置的优化，通过鼓励科创事业发展，让创新取代原有要素和投资拉动经济增长。

要支持各区域发挥比较优势，全面支持黄河中游区域生态保护与高质量发展，沿黄河各区域要积极提高市场活力，提高基础设施硬件环境和营商环境软环境，积极探索地区差异环境下实现生态保护和高质量发展的方法。

第八章　黄河下游生态环境保护
与全面高质量发展

黄河下游地处东部沿海地区，生态环境较中上游地区较好，土地肥沃，农业基础良好，在政策、交通、资金等方面优势明显，对人才、外资的吸引力较强，同时涵盖一批工业基础较好、资源较为丰富的城市。下游中心城市辐射带动周边区域的发展，拉动了下游地区经济高质量发展整体水平的提高。本章分为黄河下游流域生态与经济发展问题、黄河下游流域生态环境保护与全面高质量发展路径两个部分。

第一节　黄河下游流域生态与经济发展问题

一、黄河下游流域概况

（一）自然地理

黄河下游根据河段特征分为游荡、过渡和弯曲 3 种类型，从上到下依次为桃花峪至高村部分（游荡型河段）、高村至陶城埠部分（过渡型河段）、陶城埠以下至入海口部分（弯曲型河段）。由于游荡型和过渡型河段的滩区面积约占下游滩区总面积的 83.2%，弯曲型河段中除平阴、长清两县有连片滩地以外，其余滩地面积较小，因此游荡型和过渡型河段的滩区统称为宽滩区，弯曲型河段称为窄河段。黄河下游位于黄河流域内第三级阶梯上，即从太行山脉以东至渤海，包括黄河下游冲积平原和鲁中山地丘陵的地带。黄河下游冲积扇的顶部位于沁河口一带，海拔 100 米左右。鲁中山地丘陵由泰山、鲁山和蒙山组成，一般海拔在 200 ~ 500 米，丘陵浑圆，河谷宽广，少数山地海拔 1000 米以上。

人民治黄以来，逐步形成了"上拦下排、两岸分滞"的洪水处理方式，采用"拦、排、放、调、挖"综合处理。由于积极开展了整治工程，缩小了游荡摆动范围，有效控制了河势摆动幅度，但由于大量泥沙在下游河道淤积，年均河床将抬高 0.05 ~ 0.1 米，现行河床平均高出背河地面约 5 米左右，最大 10 米以上，属于典型的"地上悬河"。

（二）水文气象

黄河下游主要水文站有 4 个，分别为花园口水文站、高村水文站、艾山水文站和津水文站。花园口水文站是黄河下游重要的水沙控制站，是黄河成为地上悬河的起点，是黄河下游的第一个水文站。高村水文站有很长的历史，是黄河从河南流入山东的首个控制站，其断面为一滩一槽的复式河床。艾山水文站所处河道较窄。利津水文站是黄河上的最后一个水文站。

黄河下游滩地处于暖温带南部，接近北亚热带北部，属暖温带半湿润气候。年平均气温范围在 14.4 ~ 15.9 ℃，干旱度处于 1.2 ~ 1.6 区间，沿黄河干流走向，右岸县区的干燥度低于左岸县区。根据干燥度指数对地区湿润程度划分，黄河宽滩区县区大部分为半干旱地区，仅中牟县、祥符区、兰考县、东明县、牡丹区、鄄城县、郓城区、梁山县的南部小部分地区为半湿润地区。整体上看，河南省县区比山东省县区干燥。

（三）生态环境

湿地是指包括湖泊、沼泽、海岸滩涂等地表水、陆两界面交互延伸的区域，是独特的生态系统，具有重要的环境调节和生物多样性保护功能。黄河下游滩区有丰富的湿地景观，有豫北黄河故道沼泽河流湿地区、豫境黄河滩地和背河洼地沼泽湿地区、鲁西湖泊沼泽湿地区、鲁北古黄河三角洲和沿海湖泊沼泽湿地区、鲁北黄河河口三角洲沼泽湿地区五种类型。滩区旅游资源较为丰富，如小浪底风景区、黄河湿地、悬河景观及诸多珍稀动植物等自然生态旅游资源以及黄河文化、民风民俗等人文旅游资源，具有较大挖掘潜力。

（四）经济社会

几千年来，黄河中下游两岸的广大地区就是我国先人们的重点活动区域，孕育了五千年灿烂的中华文明，但下游频繁摆动、决口和改道给人类生产和生活带来了很大不便。为了安居，人们修建了下游堤防，但堤防所致的悬河却使洪涝灾害风险积聚，一旦水沙暴发，往往会给本地区人民的生命财产安全以及国民经济造成毁灭性的灾难。目前，在黄河下游洪水的影响区是我国重要的粮棉基地。区内建成了由陇海和京九铁路、连霍高速等数条高等级公路等构成的重要交通网络，建成了石油、煤炭、机械加工等工业基础设施，经济已经达到高水平，因此，决口后果更难以想象。黄河下游引黄灌区跨黄河、淮河和海河等三大流域，涉及河南省和山东省，该区域恰是我国土地、矿产和能源十分丰富的地区，在国民经济发展的战略布局中具有十分重要的地位。

由于特殊的地理环境因素制约，滩区以种植业为主，耕地及村庄分布广泛，产业结构单一，属于典型的农业经济地区。在粮食生产上，夏粮以小麦为主，秋粮以大豆、玉米、花生为主；受汛期洪水影响，秋粮产量较低且不稳定，滩区群众主要依靠一季夏粮维持全年生活。黄河下游两岸的广大防洪保护区，是中国重要的粮食、棉花及畜产品基地，特别是小麦、油料等农产品在全国占据重要地位。目前，滩区除传统种植业、养殖业及少量加工业外，驱动经济型产业较少，无明显高附加值农产品输出。另外，滩区基础设施布局不完善，道路交通、供水供电等公共基础设施薄弱，教育、医疗、文化等社会事业发展滞后。

二、黄河下游生态环境与经济发展中存在的问题

（一）黄河下游湿地退化问题

由于湿地在全球范围内广泛分布，并且种类繁多，各种类型之间的差异很大，所以很难界定湿地概念。湿地的定义有两种：一类是具有法律约束力，具体指天然或是人工、暂时或长久性的沼泽地。泥滩地或水域地带，静止或流动的淡水、半咸水、咸水体，包括低潮时水深不超过 6 米的水域。此种定义，没有揭示湿地的内涵实质，并且没有明确界定湿地的范围。另一类是从科研角度给出的定义，生态学家杨永兴先生曾对湿地做出定义：湿地是一种不同于水体和大陆的过渡型的生态系统，为水生与陆生生态系统相互延伸重叠的特殊区域。湿地具有季节性或长期处于积水或过湿的地表，可以将水或半水发育成土、沼生、湿生或浅水生的植物，生产力较高。然而，随着社会经济的发展以及人口数量的增加，黄河下游湿地面积每年呈下降趋势，湿地消失与环境破坏等问题随之显现，伴随周围经济受到牵连，目前造成湿地的破坏的主要原因是人类社会为了满足自身发展的需求，对自然环境资源进行不计后果的开发和掠夺性开采。人们充分认识到保护、恢复、重建湿地重要性和迫切性，湿地保护及重建的措施大量提出，保护湿地与其周边环境刻不容缓。黄河下游流域水沙是影响水的情势以及河口状况的主要因素，它决定风暴和潮汐对三角洲影响的程度、河流和海滨之间水面线的形状以及三角洲形成的速度和范围的主导因素。

在湿地形成、发育、演替直至消亡的全过程中，水文过程起着直接而重要的作用。湿地水文情势的改变是湿地退化的重要原因。对于黄河下游流域来说，湿地是洪水泥沙的副产品，随河道变迁而变迁，黄河下游湿地的生成、发展和退化与黄河水沙条件息息相关。黄河下游径流量大多来自中下游的降水，而黄河中下游流域大多属于温带大陆性气候，降水和气温均存在明显的季节变化，从而导致径流年内变化差异。

生物量是指在一定时间内，单位面积植被的总重量，通常以鲜重或干重表示；湿地植被生物量是湿地生态系统最重要的数量特征之一，是研究湿地生态系统物质循环、能量流动和生产力的基础，是量度植被结构和功能变化的重要指标，生物量变化会带来生态系统功能的相应改变。因此，湿地植被生物量是衡量湿地生态系统健康状况的重要指标。近年来受气候变化和人类活动等因素的影响，黄河下游湿地有退化的趋势，对黄河下游湿地植被生物量的长期监测，可以及时掌握黄河下游湿地生态系统的动态变化，为黄河下游湿地生态系统的保护和修复提供科学依据。

湿地是一个相对完整和独立的生态系统，并且具有多样性。它和人类的生存发展休戚相关，给人类提供大量的淡水资源，并在净化污水、补充地下水、蓄水以及维持当地的生态平衡起到很大的作用。湿地有天然与人工之分，是一个大的集合，天然湿地主要有池塘、沼泽、河流、湖泊、滩涂、珊瑚礁等，人工湿地主要是水库、盐池、鱼塘、虾池、稻田等。经典生态学理论认为，生态系统的结构主要有生境、生产者、消费者和分解者。因此，影响湿地生态环境脆弱性的原因很多，在分析水沙变化对湿地影响的过程中，虽然不可能将所有的因素都考虑到，但也不能遗漏关键的因素。

由于湿地的变化受到人文与自然等诸多因素的驱动及影响，是气候变化、黄河水沙、人类活动等共同作用的结果。按照黄河下游河口湿地的生态特征，将湿地类型进行了三级划分，首先分为自然和人工湿地两大类。在自然湿地中，划分为滨海湿地、沼泽湿地、河流湿地等类型；人工湿地划分为沟渠湿地、水库、坑塘等，然后再依据植物类别进行三级划分。在湿地总面积下降的情况下，人工湿地所占的比例逐年增加，这种现象主要是受农田开垦、油田开发、基础设施建设等活动的干扰，使得自然湿地遭受严重的破坏。与此不同的是，人工湿地经历了从无到有的过程，湿地面积不断增加，主要是由于人们认识到破坏湿地环境的重要性，建立了大量的人工盐田、平原水库、鱼塘及农灌沟渠等工程。黄河口湿地总面积整体退化且趋于人工化。

近几十年，在全球气候变化、人类活动导致地表温度增加等驱动因素的作用下，黄河下游频繁出现断流现象，湿地发育状况不良，主要体现在：湿地水文特征改变；自然植被面积减小；植被类型演变；生物多样性下降。这些表明人类活动下的自然生态环境系统的级联效应。黄河下游湿地面积整体上与水沙有显著的相关性，尤其径流量与湿地总面积、天然湿地的面积、人工湿地的面积相关性更为显著。说明小浪底水利枢纽的运行，在满足下游减淤的前提下，调节径流的同时，黄河下游湿地的面积也会改变。

黄河下游河口湿地系统是一个巨大的、功能和结构较复杂的体系，生物群落具有不同的性质和作用效果，能够体现湿地生态系统的稳定程度，其中物质生产是它最大的功能。生态需水量是在一定的时间和空间基础上，满足特定服务目标的变量，具体指维持河口生态系统正常发挥的淡水补给量。根据河口生态系统功能、特性，河口生态需水应满足以下需求：维持生物生长的淡水补给量、防止海水入侵的淡水补给量、水循环消耗需水量、保持湿地合理水深及水面面积的淡水补给量、补给地下水需水量。湿地生态需水量是探讨湿地生态系统的生产力物质循环以及能量流动的基础。

湿地作为地球上价值最高的生态系统，在生态保护和社会发展中占据重要地位，其具有独特的生态服务功能和重要的社会经济价值。同时，湿地生态系统十分脆弱，人类过度利用湿地资源及其低估了功能价值，同样也导致了湿地大量损失、景观破碎化和生态系统功能退化，某些功能的改变或丧失，使湿地生物多样性和水环境质量降低，调节、供给、支持和社会功能衰退，已威胁到区域生态环境保护和社会经济的高质量持续发展。

（二）黄河下游生态环境问题

新古典增长模型和内生增长模型均已证实生态环境健康作为内生变量在经济发展中起到促进作用。黄河流域构成我国重要的生态屏障，是连接青藏高原、黄土高原、华北平原的生态廊道，同时也是重要的能源和重化工产业基地，依据循环经济理论，推动生态环境健康，是黄河流域生态保护和高质量协同发展的必要保障。长期以来，黄河下游拥有100多个滩区，由于先天地势条件的不足，滩区治理压力大，泥沙淤积、水土流失严重，形成"地上悬河"。同时黄河下游也忽略了后天的养护，注意力多集中于大力发展经济，忽略了对生态环境的保护，破坏黄河生态的案件层出不穷，黄河湿地自然保护区中仍有鱼塘存在，多数地区土壤重金属严重超标，环境污染和生态退化等问题凸显，反过来又制约了经济高质量发展。

首先，黄河下游城市群环境污染较为严重，煤炭化工企业和农业较为集中，工农业发展和生活等造成的污染物的随意排放，通过地表径流带入河流，造成黄河水质污染，使湿地水质恶化，而且对湿地环境造成严重危害，已严重威胁到湿地浮游生物、鱼类、水禽的栖息地的健康安全。

其次，区域开发程度高，黄河下游的农业生态系统是传统的人口密集区、农业开发区和现代化建设重点地区，周边农户经济发展对黄河滩区土地依赖性较强。四周为村落和农田所包围，受人类活动的影响较大。不合理开发利用活动如农业开发、观光旅游不同程度地影响着湿地资源、生态资源、生态功能，迫使湿地生物生存环境破坏，甚至消失。

最后，黄河下游城市群仍需加强生态系统修复建设。由于各种人类活动，对湿地资源、生态资源、生态功能造成了不同程度的影响，"湿地旱化"现象明显加剧，湿地资源渐减，湿地生态功能退化。保护区土地权属虽然全部属于国有，但周围乡镇群众一直在滩区开展生产经营活动，部分地段一直存在项目开发、垦殖、挖沙等活动。经营活动与湿地资源保护的矛盾比较突出，例如，某些开发公司在黄河滩区建设马场，一方面加剧生态系统的破坏，另一方面其排泄物流入河流，造成水体污染等。

生态环境健康准则主要包括生态修复和环境保护两个方面。从生态修复方面来判断，首先应重视生态文明的体系建设，其次应保证森林、绿地、湿地面积的修复及水土流失的治理。从环境保护方面来判断，作为黄河流域乃至全国的农业生产基地，首先应在不减产的前提下降低化肥使用量，尽量使用无污染化肥，其次应减少污染物排放量，加大治理力度，通过科技创新技术来提升废弃物的综合利用率及垃圾无害化处理率。

（三）黄河下游经济发展中的问题

高质量发展是一个新型的历史命题，黄河下游在发展速度上位居黄河流域前列，但经济发展的高质量不应只体现为经济发展速度的提升，更要注重经济发展质量和发展效益。而目前黄河下游高质量发展存在以下几个问题。

第一，黄河下游城市群发展不均衡，区域协调发展机制不尽合理。郑州、济南、青岛作为黄河下游的中心城市，发展差距较大、辐射带动作用不强，甚至还产生了虹吸效应，未形成跨省区的龙头带动作用。城市群边缘城市，特别是省际交界城市发展水平较低。

第二，黄河下游未形成强有力的核心技术竞争优势。产业结构滞后，制造业规模虽大，但强度不够，高端供给不足、智能化发展较弱，品牌影响力低，第一产业和第二产业较第三产业占比较高，高技术含量的战略性新兴产业发展不足。

第三，黄河下游城市群科技创新资源投入不足。科技创新是高质量发展的内在动力，关键要在创新要素聚集、创新人才的引进、创新成果产出等方面下功夫。

第四，对外开放程度低。

因此，黄河下游城市群高质量发展包括经济发展基础、创新驱动、开放合作三个方面。从经济发展基础方面来判断，首先应保证 GDP 的数量和稳定，其次还需保证产业结构的合理性，推动传统产业转型升级，大力发展第三产业、高端智能产业和战略性新兴产业。从创新驱动方面来判断，首先是创新资源的投入，创新人才和创新机构的引入，其次是保证创新成果的产出。从对外开放来判断，需保证进出口比重，对接"一带一路"倡议，培育内陆开放高地，加强对外贸易依存度。

（四）黄河下游水资源问题

习近平生态文明思想强调人与自然是一个共同体，提倡绿水青山就是金山银山，坚持人与自然和谐共生。黄河作为中华民族的"母亲河"，承担了保障流域内人民群众生产生活等众多的责任。但黄河下游河道为"地上悬河"，历史上决口次数频繁，洪水威胁大，水资源状况导致经济高质量发展滞后，主要原因是没有理顺水资源与经济发展及人类的关系。一方面，黄河下游水资源匮乏，存在与环境争水状况，同时，黄河下游是黄河流域乃至全国农产品主产区，人口众多，水资源利用方式合理性差，农业用水量偏大。另一方面，黄河下游城市群科技发展的欠缺，致使万元 GDP 水资源消耗和废水的排放较高，水资源保护意识及城镇污水处理能力不足，部分地区存在污水未集中处理直接排入黄河现象，导致入海口河水污染严重，河口湿地面积受损，破坏了近海生物的生存环境，部分断面层水质情况不容乐观。

因此，黄河下游人水和谐共生包括水资源条件、水环境影响、水资源利用三个方面。从水资源条件方面来判断，加强供水综合生产能力，调整分水方案、引水机制，保障水资源供给；从水环境影响方面来判断，应正确认识经济发展和水资源保护之间的关系，经济发展不得建立在损害河流自身环境的前提下，保证污水处理率，降低废水排放量；从水资源利用方面来判断，要保障用水的普及，坚持人水和谐理念，水资源的利用要在黄河流域的承载之内，保证在国家规定的开发利用率之内，同时还需改善技术，降低单位 GDP 水资源消耗量。

第二节　黄河下游流域生态环境保护与全面高质量发展路径

一、实施生态廊道建设工程，打造绿色环保的生态河

坚持山水林田湖草综合治理、系统治理，分区防治、分类施策，为黄河下游生态保护和高质量发展保驾护航。积极构建跨区域生态保护协作机制，强化污染排放标准协同、水质监测数据共享、监督管理协同，统筹规划黄河流域水沙治理和综合生态修复。扎实推进森林生态修复与保护、农田防护林、森林生态廊道、城乡绿化美化等重点林业工程，更新改造沿黄地区退化严重的防护林。建设以国家公园为主体的自然保护地体系，加快建设黄河口国家公园，积极推动黄河国家公园（郑州）创设。加强黄河下游岸线保护力度，划定黄河干流、重要支流、重要湖泊水域岸线和生态保护红线。加强黄河三角洲国家级自然保护区、海洋特别保护区生态保护，实施黄河口生态修复工程，防治外来物种入侵，加快入海污染物和无机氮富集治理。

（一）生态环境健康

保障黄河下游生态环境健康。首先，推进黄河下游生态廊道建设，加快三门峡至东营黄河干流沿线复合型生态廊的工程，实施伊河、洛河、金堤河、大汶河等重要支流绿色廊道建设，打造洛阳—郑州、济南—德州、滨州—东营黄河风景区。生态廊道根据生态服务价值和累积最小阻力模型将其区划为一级廊道和二级廊道。其中最为重要的是一级廊道，是整个生态安全格局构建中重要的骨架，它具有连接每个生态源的作用，同时又在生态系统中起主导作用。对一级廊道开展关键的建设和维护显得尤为重要。二级廊道是对一级显得尤为廊道作用的填补和增加结构稳定性，因此对二级廊道的维护应按照其生态服务价值进行排序，优先建设生态服务价值高的廊道。一级廊道的建设应当注意生态源地之间的连接，发挥关键的框架功能。在一级廊道建设全过程中，应当对廊道中的林地类、湿地公

园等生态源地区开展关键维护。对于处在阻力值相对性很大的地区应当增加其植物群落、提升生态服务价值，维护好建设好一级廊道的连接功效。二级廊道在临近生态源地域开展植物群落林地类的按时维护，在阻力值很大地域应防止人类活动对二级廊道的毁坏，确保生态安全格局结构的稳定性。对于生态廊道的建设要及时，对破坏地区林带进行补种、维护，从而确保生态廊道的稳定性。其次，实施分区分类生态修复策略，对三门峡灵宝至郑州桃花峪段加强人工造林力度，对郑州桃花峪至濮阳台前县和菏泽东明县至滨州滨城区滩区综合整治，对黄河口国家公园和黄河三角洲区域推进湿地保护和修复，提升生态系统稳定性和多样性。最后，推进下游污染系统治理，实施水肥一体化、机械除草、绿色防控等现代技术投入，提高农药化肥利用效率；开展农业用地污染排查和检测工作，对排放倾倒超标废弃物行为严肃查处，通过农艺调控、用途管制等措施加快农业用地修复。同时，还需强化工业污染协同治理，全面检测入河排污口，严厉打击未达标排放行为，开展重工业企业强制性清洁生产，提升清洁能源生产利用水平。

（二）生态节点优化

生态节点是景观生态安全格局构建过程中最容易受外界干扰、最敏感的地区。生态节点是保障生态走廊及其生态安全性布局的完整性与稳定性。对生态节点的保护应该分层次、有重点的保护。重要的生态节点主要分布在关键的林地等用地类型中，一般来说间距大城市土地较远，不易遭受外部干扰。二级节点一般遍布在林地类和农用地当中，这类节点与人类关系相对密切，在保护和建设过程中应尽量绕开这种生态节点，避免遭受干扰和毁坏，同时还可以对该地的生态节点开展退耕还林还草，提升生态服务价值。总而言之对生态节点的修补和提升主要是依据其所处的用地类型来实行不同的保护方案。生态节点的保护要与景观规划设计相结合，通过与周边景观环境建立联系，从而提高生态节点稳定性，降低对人类活动对生态环境的破坏。

（三）生态黄河治理，打造生态之河

黄河流域的生态环境协同发展治理工作将成为加快构建幸福黄河的重要道路。对于黄河的生态保护与治理工作已取得很多成果，黄河沿岸区域自然生态体系的一体性和黄河流域自然生态协同服务环境职能的社会公共性，造就了当前中国对于黄河流域自然生态服务环境的流域治理必须彻底突破国家传统的流域行政职能区域与管理部门之间的治理，设立生态协同流域治理。为了真正完成当前黄河流域地区生态环境综合管辖的主体之间的协同发展，就要把当前黄河流域地区

生态环境治理协同污染治理具体工作要求细化到流域法治化的治理道路，形成健全环境治理制度。推动协同流域决策立法进一步细化深入，从中国黄河沿岸区域下游自然生态系统的综合总体性发展角度考虑出发，分析考量中国黄河上下游和黄河左右岸的综合协同经济开发，制定一部完全具有中国综合管理特色关于黄河治理的法案，把目前中国在黄河水资源环境保护、水污染灾害防治、捕鱼、防洪、港岸、交通、景观等各个方面的相关问题通过全局化清晰地考虑，建设黄河流域管理统一、综合管理体制。

探索与黄河沿岸国内省际安全执法检查工作联动长效机制，要将黄河流域重要水资源综合治理、省际边疆流域河道综合水利建设规划、河道水岸线工程综合开发建设规划等，促成"多规合一"。积极研究建立健全黄河流域地区环境保护行政司法机关及公益事业诉讼审判机制。依据黄河流域重新设立生态保护司法机关，负责涉及黄河流域内的生态保护违法犯罪刑事案件依法进行检察和司法审判。设立约束与激励有机结合的体制，为促进黄河沿岸区域中的多元化主体间协调和谐发展给予一种内在的推动力。遏制对管辖区域内的生态资源环境造成的负面或外部性质的经济活动或者其他违法行为，对与其有关的经济活动或者违法行为进一步落实法律惩戒强度，提升其行为违法的经济成本；依法明确并进一步落实管辖黄河流域内各个行政区域的自然生态环境综合保护与污染治理工作职责，在黄河流域内某一个层次的行政区的境内水质污染评估值低于入境断面水质污染评定标准时，表明这个层次行政区域内的河流已经发生了严重水质污染恶化，应当对其依法进行相应的法律惩戒与行政处罚。鼓励对黄河流域生态环境造成的影响而引起正外部性协同经济管理的活动或者行为运用流域携手共同治理这种方式基本实现流域协同经济发展。对于黄河流域生态治理工作，重在生态保护，要在污染防治，协同促进黄河治理，体现一种生态整体主义的黄河生态观，落脚点就是对黄河流域生态环境的整体利益，有助于流域治理综合能力的有效集中化与提高，是加快实施黄河流域构建幸福黄河的一种高效治理方式。

（四）生态要素优化

对生态网络结构进行优化的同时，还要对生态系统中的生态要素进行优化。生态系统是由各生态要素组成的，每个生态要素兼具的生态功能不一，因此生态要素改变也会同时带动生态系统发生变化。因此可以通过对每个生态要素进行修复保护，因地制宜进行开发利用，通过水环境治理、山体修复、退耕还林还草等措施，打造黄河流域豫鲁段山水林田湖草生命共同体。

作为重要的景观要素与生态要素，山体受人类的环境行为影响较小，山体为河流和植物提供载体依托，为生物提供生存的空间，同时为人类提供生态服务。在人类开发利用的过程中，经常会过度砍伐使得地表裸露，雨季一到，容易发生滑坡、泥石流等灾害；旅游旺季，人类大量涌入造成生态破坏；在城市化的发展过程中，人为开山取石造成生态环境严重破坏。因此，根据山体特征进行生态修复，对大型山体实施空间管控，分区对山体进行保护发展，实现生态复绿，从而保证山体生态结构的完整性。

黄河流域是典型的水流域。河流是连接山体、湖泊、草地等生态系统的重要通道，是地球最复杂的生态系统之一。水要素的生态保护与人居环境息息相关。水生态问题包括水安全、水灾害、水文化等三个方面，并基于此提出"净""复""绿""承"等四个优化建议。

第一，"净"化水体。在黄河下游流域的发展过程中，水污染随城镇化的不断发展出现加重趋势，在此基础上先划分重要的生态保护区，划定生态红线，避免因大规模建设对水体造成进一步破坏；协调个城市间的关系，找到污染源头，从源头切断，减轻城市与农村面源污染，同时对水环境质量严格把控，对造成水体污染的企业进行调整整顿，减少点源污染，加强水环境治理；根据不同的生态功能，建立生态保护区、湿地保护区、自然风景区等不同功能的保护区，对湖泊、湿地等生态敏感区要加大保护力度，尽量不动或少动地貌，对研究区的生物进行保护，充分利用现有的景观生态基础设施，保护生物多样性，合理保护河流湖泊湿地。

第二，"复"还生境。水体生境质量的改善是进行水体生态修复的重要前提，是通过物理、化学、生物、水文等复合因素综合影响而进行。利用河道修复技术，对破坏严重的河道进行修复；利用生物修复技术，实施人工湿地重建、动植物群落恢复等生物技术对生境进行修复。恢复生态群落，恢复生物链，复建景观。在此基础上，进行水体质量恢复，充分利用植物的净化功能，净化水体，恢复水质。在河流湖泊与陆地的交界地带，尽量采用生态型驳岸，尽量将河岸的硬质驳岸改为硬质软质相结合，将混凝土等不透材料换为植被、木材、石材等材料，提高河岸带的生态韧性，提前划分出缓冲地带。

第三，"绿"化廊道。绿地廊道的建立，有利于保护生物多样性，有利于物质流与能量流之间的流动，串联河流域城市之间的绿地体系，加强节点之间的联系，起到生态屏障的作用。在绿化廊道的构建中，充分考虑河流湖泊的竖向设计，根据自然环境选择适宜的乡土树种，综合设计植物群落。在树种的选择上，应尽量选择耐盐碱和耐水湿的植物，靠海的地区还应考虑深根系树种，尽量选用乡土树种。同时要注重造景的需要，尽量符合三季有花、四季常绿的原则，加强植物群落层次性。

第四，"承"继文化。水文化保护对黄河流域而言是非常有必要的，黄河作为中华民族母亲河，流传千年而不断，是炎黄子孙的根脉所在，是中华文化的重要象征之一。对黄河文化进行保护，践行"健康黄河"新理念，打造黄河文化展现窗口，建立黄河文化博物馆，将黄河文化与治黄工程同时进行。将继承黄河文化，建立黄河文化展示廊道，充分展现文化自信、黄河自信。在各地建立黄河展览馆与黄河观光带，将传播黄河水文化与景观充分结合，发挥最大文化效益与生态效益。

根据黄河下游现有植物群落，合理配置乡土植物，根据不同的高程、水文、土壤等条件，选择适合的植被进行搭配造景、增加绿量的同时，加强生态系统稳定性。作为地球上最大的生态系统——草，在生态保护中起着重要作用，植被修复具有较强的生命力，可迅速成景。草地的种植也具有很强的可操作性，可根据人类需求进行种植，可以解决多种生态问题，为生物生存提供生境。但草地容易出现不耐寒或不耐盐碱等问题，在选择草地类型要多选择乡土草种。

林地是生态源地的重要组成，而黄河下游的林地多为人工种植林，存在种类单一、结构单一的问题。林地的种植在短时间内可以提升植被覆盖率，在防风固沙等方面发挥着积极作用，但比起自然演替的森林还是存在病虫害、脆弱性等问题。在进行植被生态保护的过程中，一定要注重营造多类型、多层次的复合生态林地，加强对林地的管制。

重新建立多样性植物体系并进行植物保护，不仅可以有助于恢复生态系统、防风固沙、涵养水源，同时还有利于为生物提供栖息地，有利于生物多样性。新乡黄河滩涂湿地为珍稀鸟类提供了绝佳的自然生存场所，不仅有良好的环境，还有充足的食物。维持生物多样性要做好相关防护，首先要考虑野生动物的特点，野生动物都具有相当强的警觉性，环境稍有威胁都会让它们快速飞离。因此要规划湿地区域，为鸟类设计专属的生活区域，并进行相关防护措施，防止人类的干扰；其次要对鸟类食物进行保护，当食物匮乏同样会造成湿地鸟类的流失。

总之，针对黄河下游流域生态环境中所面临的生态问题，提出优化策略，坚持规划先行的原则，围绕着黄河流域高质量发展、沿黄生态修复进行展开，通过构建景观生态安全格局，同时结合河南山东现有的生态规划，从宏观层面和中观层面提出优化策略。根据对黄河流域下游河段的景观生态安全格局的构建分析，从而形成生态安全格局的优化策略。首先，从宏观层面出发紧跟上位规划并严格实施三条控制线的实施，将重要的生态源地、生态廊道及生态关键环节列入红线管控范围，根据水流域的水安全和敏感性划定不同安全等级，并根据不同等级进行城市开发建设。其次，从中观层面完善生态网络结构，提升生态网络的连通性，对生态结构中的"阻力点"进行修补，修复生态敏感区，严格控制生态源地及生态廊道的开发建设，提升生态环境。最后，对生态要素中山体、水体、植物群落等提出优化策略，恢复生态系统稳定性，为生物提供栖息地，保护生物多样性。

二、实施流域安全工程，打造长治久安的安澜河

牢固树立防洪理念仍然是黄河治理的头等大事，相关部门要做好防大水、抗大洪的预案准备，尤其是分析、应对好极端天气的影响，全力保障人民群众的生命财产安全。积极配合争取水利部黄河委员会加固黄河堤坝计划，开展下游河道控导工程，续建加固，加强"二级悬河"治理，增强防洪蓄水保障能力。实施河道综合治理提升工程，解决局部河段河势上提下挫、塌滩形成新湾、工程脱溜等问题。开展河口段治理，实施河口双流路工程。

黄河的治理与开发为下游防洪保护区的经济发展提供了有利的条件。从人类开始治理黄河以来，黄河下游防洪一直是治黄的首要任务。由于灾害频发，人们进行了坚持不懈的摸索与治理，修建了一系列的防洪工程，从中华人民共和国成立之后一直持续进行着。在治理过程中慢慢地形成了中游干支流水库，下游堤防、河道整治为主体的"上拦下排、两岸分滞"的防洪工程体系。黄河洪水主要有冰凌洪水和暴雨洪水两大类。我国对黄河洪水的管理，长期以来以控制为主要目标。在"上拦下排，两岸分滞"的防洪工程体系中，"上拦"就是在上中游修建水库，拦蓄超过堤防设计流量的洪水；"下排"则是在黄河下游加固堤防、整治河道、加强河口治理防洪工程建设，约束洪水，排洪入海；若出现干流工程控制不了而下游河道又排不走的特大洪水，则按照"牺牲局部保全局"的原则，实行"两岸分滞"，向预定分滞洪区分滞一部分洪水，减轻堤防负担，使洪水"分期分批"下泄，确保防洪安全。

黄河中游已兴建了三门峡、小浪底、陆浑、故县等干支流水库基本上解决了黄河的"凌汛"问题，有效控制黄河流域95%的洪水，将黄河下游的防洪标准由60年一遇提高到千年一遇，提高了汛期黄河下游的防洪标准，利用汛期前后的调水调沙，极大地改善了黄河下游的防洪减淤形势。

在长期排洪输水过程中，黄河下游河道不断淤积，河床普遍高出两岸地面。

下游沿黄地区城市均低于黄河河床中，为保证安全，免受洪水灾害，整个下游河道修建了临黄大堤，北岸自河南孟州以下，南岸自郑州京广铁路桥以下，除东平湖陈山口到济南玉符河口地段依山以外，两岸都建有大堤。

在黄河下游防洪工程体系中，堤防是最主要最可靠的组成部分。新中国成立以来，国家不断加大对黄河的治理投入力度，开展对黄河河道有计划的综合整治工作，四次全面加高培厚黄河大堤，开展"放淤固堤"，利用背河的洼地、潭坑沉沙加固大堤；采用提水沉沙的办法，结合灌溉提水至背河淤区内沉沙固堤；利用简易吸泥船，以高压水枪冲搅泥沙，通过管道将泥沙输到背堤淤区内，经沉淀后固堤。黄河水利委员会又提出标准化堤防建设的目标：临河侧种植防浪林，堤顶全部硬化，汛期用于防洪服务和抢险运输，平时则用于地区交通运输，服务于两岸居民生产生活，背河侧淤与水平设计洪水位齐平，可以防渗并保障洪水期安全；在淤背区和堤防上种植生态林，可以阻挡滩区风沙对沿黄地区居民的侵扰。以上诸种放淤固堤措施，不但减少了河道的淤积，又加固了下游堤防。

黄河下游河道是控制河势、规范流路、防止洪水、确保滩区群众生命财产安全的保证。黄河下游在20世纪50年代初开始有计划地进行河道整治，先选择河床演变相对不太复杂的艾山以下窄河段进行试验，取得经验后逐步推广实施。到20世纪60年代推广到高村至陶城埠过渡性河段，之后再推广到高村以上游荡性河段。如今，艾山以下窄河段河道整治工程已趋于完善，河势得到了有效控制。高村至陶城埠过渡性河段的河道整治也取得了明显效果。高村以上的游荡性河段主流游荡范围和恒河、斜河发生的概率有所减少。

随着近代水力学、河流动力学、河道泥沙工程学的进步，河工模型试验得以发展，工程材料得以改进，河道整治已进入一个新阶段。如今，提出"稳定主槽、调水调沙、宽河固堤、政策补偿"的下游河道治理方略，借助数学模型与河工模型试验，开展新一轮的黄河河道整治工作。在黄河下游的治理和管理中，泥沙是最为复杂难治的问题。针对黄河"沙多"的问题，采用"拦、排、放、调、挖"等综合措施，标本兼治，近远结合，妥善处理和利用泥沙。"拦"，就是在黄河上中游地区开展水土保持，修建淤地坝，利用骨干工程拦减泥沙，减少粗泥沙来源，搞好多沙支流治理。粒径小于0.05毫米的泥沙，在下游河道主槽淤积很少。黄河泥沙的主要出路是通过下游河道排入大海；"排"，就是在搞好河道整治和河口治理的基础上，充分利用下游河道比降陡、排洪排沙能力大的特点，排沙入海，填海造陆；"放"，就是引黄淤背、放淤改土，在下游沿河两岸和河口地区，通过吸泥船、涵闸、虹吸管、泵站等抽取黄河水沙，使泥沙淤积在大堤背河一侧，用来加固大堤或淤高背河地面；"调"，就是利用水库协调水沙关系，调水调沙，减少河道淤积；"挖"，就是在泥沙淤积严重的河段，挖河疏浚，通过先进的挖沙、输沙设备挖沙疏浚，挖河固堤。挖出的泥沙可用来加固两岸大堤和进行滩区安全建设。上述五项措施中，"拦"是根本，"排"是基础，"调"是提高"排"沙效果的有效措施，五项措施有机结合，逐渐形成一个完善的防洪减淤工程体系，有效控制洪水和泥沙，逐步形成"相对地下河"。

黄河下游防洪工程的实施主要目的是提高防洪大堤防御洪水的能力，降低洪水对下游人民生命财产安全的威胁，提高滩区抵御洪水的能力，为下游人民提供更为安全的生产和生活环境，同时可以促进下游地区的经济发展和生态环境建设。这些工程不但提高了人民的生活水平，从宏观角度上看有助于国家可持续性经济建设，从微观角度，促进了地方经济的发展，保障了滩区居民的安全。

新形势下引进国内外先进技术，依据泥沙运动规律，科学实施泥沙处理方案，利用洪水能量有效冲刷水库和下游河道泥沙，提高下游河道主槽行洪能力，减少河道淤积，防止河道萎缩，缓解下游"二级悬河"的严峻局面，输沙入海。同时，加快下游重点水利工程建设步伐，放淤固堤，进行标准化堤防建设，不断加固堤防，避免"决口"现象发生。逐步废除滩区安全生产堤，合理安排滩区居民外迁，认真落实滩区补偿政策，大力发展滩区养殖业，保证河南、山东两省和沿黄其他省市及广大滩区的生产、生活及至生命财产安全，确保黄河下游人与自然和谐共处，岁岁安澜，长治久安。

启动开展论证"修建桃花峪水库""宽滩河段控导工程连接""洪水分级设防、三滩分区治理"等方案；谋划启动东平湖蓄滞洪区防洪安全工程，清淤增容湖体，提升防洪能力。蓄滞洪区是指临近河流或沿河两岸地势低洼平坦的地区，历史上通常是自然贮存洪水的低洼地带，是江河洪水调节的天然场所，由于人口增长，蓄洪垦殖，逐渐开发利用而形成蓄滞洪区。作为江河防洪体系中的重要组成部分，蓄滞洪区对保障防洪安全、减轻灾害起到了非常重要的作用。蓄滞洪区是区域或流域防洪规划现实与社会经济的合理需要，也是需要牺牲局部利益保全大局的全局考虑。目前，我国主要蓄滞洪区共有94处，主要分布在长江、黄河、淮河、海河等河流两岸中下游平原地区。蓄滞洪区建设主要包括进退洪设施、围堤工程和安全设施。

蓄滞洪区的建设控制因类型不同采取的措施也不同。按防洪规划要求，重要蓄滞洪区主要采取建设进退洪设施，加固围堤或隔堤；对一般蓄滞洪区，主要是加固围堤或隔堤，修建固定的进退洪口门视情而定；对蓄滞洪保留区，一般不再进行建设。对蓄滞洪区运用概率比较高的，以人员外迁为主，或重点建设安全区等安全设施，避免出现经常的大规模的人员转移；对蓄滞洪区运用概率比较低的，以人员撤退为主，重点建设转移道路、桥梁等。

蓄滞洪区的管理和发展模式研究，应当站在流域、区域经济协调发展的高度，调整区内产业结构，发展农业、畜牧业等，结合实际发展第二、三产业，支持群众外出务工。对区内高风险区经济开发活动进行严格限制，鼓励企业外迁或向低风险区转移。蓄滞洪区内必须按照防洪要求进行土地利用和各项开发建设，确保蓄滞洪容积，减少洪灾损失。所在地人民政府要对人口实行严格管理，区外人口禁止迁入，区内人口鼓励外迁，同时要严控区内人口增长。不同风险分区的蓄滞洪区避洪安置方案。重度风险区原则上以区外安置结合区内就地安置方式实施永久性避洪安置；中度风险区以区内安置为主要方式，有条件的实施部分区外安置；轻度风险区则以临时撤退转移避洪为主；区内永久性安置以安全区、大型安全台为主要形式拟定规划建设方案；安全楼是在不具备区外移民条件，又难以采取其他区内安置方式时的一种备选。对淹没水深不大、淹没历时较短，又无其他可行安置方式时，可适当提高安全楼的建设标准，作为永久性避洪安置方式；区外安置尽量采取后靠蓄滞洪区外沿岗地方式，不改变原有耕作、生产方式；在规划区外安置时要密切结合当地新农村建设和村镇建设规划等相关规划拟定安置方案。

东平湖水库处于黄河与大汶河下游冲积平原相接的洼地上，地跨东平、梁山、汶上三县。古为大野泽，至宋代为梁山泊，民国年间史称东平湖，是由黄河决口改道夺大清河入海后，随着大汶河来水及黄河洪水倒灌逐渐形成，长期担负着确保济南市、京浦铁路、胜利油田和沿黄下游人民生命财产安全的"四保"重任。东平湖蓄滞洪区1982年曾运用过一次。东平湖蓄滞洪区是黄河流域唯一的重要滞洪区，主要包括分洪区、分洪闸、泄洪（退水）闸、围堤（含二级湖堤）等4部分。小浪底水利枢纽工程的建成提高了黄河下游的防洪标准，使东平湖蓄滞洪区和北金堤蓄滞洪保留区的运用概率大大降低，也使得北金堤和作为防洪保护区的黄河南展宽区的转型发展迫在眉睫。

三、实施用水保障工程，打造造福人民的幸福河

新时代中国社会主要矛盾转化及"以人民为中心"的发展思想为高质量发展提供了更大的市场需求。黄河下游生态保护和高质量协同发展最终点是满足人民日益增长的美好生活需要，提升人民生活幸福水平，打造属于人民的"幸福河"。黄河下游滩区是提升人民生活幸福的核心区域，贫困人口相对集中，反复的洪水

漫滩对巩固脱贫攻坚工作产生阻碍。影响下游人民群众的幸福感的因素主要有如下几个方面：一是生活质量，包括收入水平、失业率等；二是人口特征，即人口密度、城镇化率、老龄化比例、受教育状况等；三是公共服务和社会状况基础设施，即养老、医疗等公共服务项目和交通、信息等基础设施建设。黄河下游城市群整体在满足人民生活幸福上略高于全国平均水平，但其乡村振兴覆盖范围太广，各地区差异明显，组织机制不健全，缺乏带头人，导致进程缓慢。因此，黄河下游城市群人民生活幸福准则包括生活质量、人口特征、公共服务三个方面，从生活质量方面来判断，应提高就业率，加快滩区迁建，巩固乡村振兴战略，缩减城乡收入比，保障人民生活水平；从人口特征方面来判断，注重人民精神生活、加大科教投入，针对老龄化现象，创新养老服务模式，满足老年人的多元化需求；从公共服务方面来判断，在当前疫情尚未完全结束的前提下，首先应确保医疗人员和设备供应，同时持续巩固公共服务和基础设施建设。

坚持"把水资源作为最大刚性约束"，以水计划管理为手段，强化用水管控，实现区域内黄河水资源的协同调度和高效配置。完善引、蓄、排、防、供体系，加快实施引黄涵闸改扩建工程，增强引水、蓄水能力。积极推进黄河提灌闸口、平原调蓄水库等重大水利工程建设，有序推进郑州市中小型水库清淤扩容、西水东引等水利工程，推动山东省东平湖河湖连通工程，发挥水量调节作用。积极争取河口保护区湿地等河道外生态补水。全面推行节水行动，合理控制灌溉规模，推进大中型灌区现代化改造，加强农业灌区渠道及配套设施建设，因地制宜推广节水灌溉技术，提高灌溉水利用率。实施高耗水行业生产工艺节水改造和城镇供水管网改造，建立市场化、阶梯化用水机制。

加强水资源集约节约利用，黄河下游人水和谐共生子系统发展指数较低，且具有一定的波动性，说明黄河下游水资源匮乏，水资源利用方式不合理，"人水"矛盾突出。水资源是经济发展和人类生存的物质基础，黄河作为中华民族的"母亲河"，承担了流域内人民群众生产生活等众多的责任，但黄河下游河道为"地上悬河"，历史上决口次数频繁，洪水威胁大，坚持人水和谐理念，加强水资源集约节约利用，保障黄河长久治安，具有重要意义。首先，要牢牢抓住黄河水沙关系这个"牛鼻子"，完善水沙调控体系，强化水沙布局关键技术研究，充分发挥三门峡和小浪底水利枢纽作用，增强径流调节和水沙调控能力，保障下游河槽稳定。其次，建立黄河安澜综合预警体系，依托无人机、卫星遥感等技术，推动"智慧黄河"等大数据平台建设，完善防汛抗旱协同联动机制，实现数据跨区域互通互享，加强堤防工程，推进沿黄蓄滞洪区、防洪水库布局优化，保障黄河长久治安。最后，加强水资源集约节约利用和水资源保护，开展集中式饮水状况调查评估，坚持以水定城、以水定地、以水定人、以水定产，坚决抑制不合理用水需求，落实严格的水资源管理体系，推广高效的节水灌溉技术，扩大低耗水农作物种植比例，大力推进节水工艺和技术，加快工业废水循环设施建设，推广使用节水器具，加强公共机构进行节水技术改造，严格控制高耗水服务业用水。

加快构建节水型社会，合理分配区域水资源，保障农业用水、工业能源生产用水、水资源自身演变趋势之间关系协调发展，降低供需矛盾；加快集约节约型社会建设，在全社会全环节大力推广节水创新技术，严格控制区域及各行业用水总量与用水效率，促进水资源可持续利用发展。统筹开发利用水资源，针对地区水资源条件，调整产业结构，减少高耗水行业占比，督促企业完成技术改造减少废污水排放，加快污水收集及综合处理设施建设，提升再生水回用比例；大力发展灌区配套建设，降低农业用水地下水供水比例。进一步健全水资源监管体系，制定并细化符合当地水资源情况的相关法律，健全水资源保护制度。加强对高耗水、高排放行业的监管力度，完善水资源保护奖惩措施。

打造人民"幸福河"，黄河下游生态保护和高质量协同发展最终点是满足人民日益增长的对美好生活的向往，提升人民生活幸福水平。黄河下游人民生活幸福子系统发展指数仅次于经济高质量发展子系统，增长较为稳定，说明黄河下游人民群众生活水平在不断改善。我们应持续增进民生福祉，打造属于人民的"幸福河"。民生是人民幸福之基、社会和谐之本。要坚持以人民为中心的发展思想，扎实办好民生实事。首先，应扩大就业，落实就业优先政策，在沿黄生态保护、旅游等重大工程建设方面提供就业岗位，完善对创业人员的帮扶机制，优先扶持吸纳就业能力强的企业发展，鼓励多渠道灵活就业。其次，加强推进教育现代化，对义务教育办学师资力量薄弱的学校给予政策资金支持，提倡公办民办共举，支持普通高中改善办学条件。推进郑州大学、山东大学、中国海洋大学双一流学校和河南大学、中国石油大学双一流学科建设，积极引进国内外高水平大学建立沿黄分校，设置一批具有黄河特色的院系和专业，深化产学研融合发展。再次，提高医疗卫生服务水平，在当前疫情尚未完全结束的前提下，完善疾病预防控制系统，提高重大公共卫生事件的应变能力，统筹推进医疗中心建设，全面深化医疗体制改革，提高基层卫生机构服务能力。最后，提升社会保障能力，对滩区精准扶贫，加快滩区迁建，巩固乡村振兴战略，针对老龄化现象，创新养老服务模式，完善养老保险制度，推进养老机构建设，大力发展互助养老服务建设，满足老年人的多元化需求。

四、实施交通一体化工程，打造互联互通的开放河

构建并完善"沿黄""跨黄"区域综合交通体系，加快形成区域一体化多式联运格局。重点完善以黄河沿线桥梁为依托的高速铁路、城际铁路和高等级公路为主体的快速交通网络。加快铁路建设，推动郑济高铁建设提速，增强郑州与济南两大城市之间的有效联通。优化区域路网布局，提速加密拓宽高速路，启动沿黄高等级公路建设研究等前期工作。发挥山东港口优势，争取国家支持，从兰州出发，串联延安、太原、济南、东营、烟台等城市，建设甘肃、陕西、山西等省新的入海大通道。加强信息基础设施建设，加强城市大数据互动合作，建设互通共享的公共应用平台，提升区域内信息化水平，实现科学管理、高效管理。

（一）推动国内外创新合作

国际创新合作能有力推动人员流动以及知识扩散，黄河下游各地市应结合境外创新科技优势与自身资源优势，吸引集聚国际高端创新资源，促进资金技术在内地转移转化，支持有实力的大企业到欧美发达国家引进技术专家和管理团队，到境外设立研发机构，特别是与传统产业转型升级、战略性新兴产业培植等本区域有潜力的机构，大力引进和使用国际高水平人才。此外还可以通过建设沿黄高校的国际校区和国际合作研究平台开展人才交流计划，以此开展合作研究，共建国际科技创新中心，并在研究中汲取国外先进的管理经验、研究思路，为培养熟知内地情况的国际先进科研人才做好准备，最终形成黄河流域具有地域特色的产学研结合示范区。用实际行动支持国家开发大局。除了创新国际合作，中原城市群和山东半岛城市群也需要拓宽国内科技合作渠道。城市群内高新企业以及山东大学、郑州大学等科研院所应探索落实与中国科学院、中国工程院之间的合作，深化与国内其他著名高等院校以及科研机构的多方位合作，促进科技合作成果高水平技术和成果在城市群内部转化。

（二）完善创新关联渠道

黄河下游城市群包含三个国家自主创新示范区，两个自由贸易试验区以及郑州航空港等众多开放试验片区，同时涉及海上、空中以及陆上丝绸之路，这些因素都可以提升区域的开放水平。通过机制体制创新来实现上述试验区之间的协同联动，在空间上形成复合发展局面，从而产生"1+1 > 2"的协同发展效果。政府方面应当加强顶层设计，统筹沿海、沿河和内陆开放，实现与"一带一路"倡议的有机融合，从而培育国际经济合作的竞争优势。同时把握国家开放大局，通

过自由贸易区与航空港打造具有黄河下游特色的开放高地，以青岛和郑州等城市为突破口，推动与欧洲国家和东北亚国家的贸易往来，提升处于内陆的中原城市群对外连通性。进一步加强与合芜蚌自主创新示范区的创新合作联系，促进西南部城市之间的融合发展，形成东西双向互动、陆海内外联动的新格局。

五、实施黄河文明示范工程，打造文化传承的文明河

（一）讲好"黄河故事"

开展黄河文化研究顶层设计，系统整理黄河文化、运河文化、儒家文化、泰山文化和宋文化，加强对物质文化遗产及非物质文化遗产的保护利用。中华文明能够源远流长，历经五千多年而长盛不衰，就其关键原因就在于没有彻底抛弃中华传统文化，没有彻底切断我们的传统精神文化命脉。"黄河故事"极其丰富，不断地发展充实新的故事内容与艺术特色。如目前人们较为熟知的"黄河号子"，就已发展成为黄河文化的一个象征性标志。

几千年以来，中原区域的政治、社会、经济和文化等危亡始终关系着整个天下的生死兴亡，文化的兴衰始终联系着整个中华民族的兴衰荣辱，在不断推动中华民族的重大历史变迁过程中，它们都始终扮演着无法取代的重要角色，促进着中华文明的发展和进步。要更深层次地探索和诠释黄河文化蕴含的精神内涵、道德价值观和人文精神等，构建一个系统性的框架。创建一个国际学术的交流媒介，增强黄河文化的科学理论性和说明应用能力以及对现实的深刻影响。

黄河文化被广泛认定为中华优秀传统文化的重要学术内容和组成部分，在其现代学术研究上，黄河文化涵盖了许多领域：在哲学研究领域，黄河文化滋养了诸如民本、尚德、变革、斗争等的哲学思想和理论观点；在研究史学的这个视角下，一部古代治水者修渠黄河的历史，体现了古代中华民族的文化成长史；在中国艺术和现代文学的研究层面，黄河文化所需要包含的许多中国古代诗词歌赋是许多重要的文化审美价值因素；在中国民俗学的研究层面，黄河文化遗址已经具有重要的历史考古研究价值。

我们应该进一步体现黄河沿岸地区各个高等学校、社科院和其他相关的历史研究学术单位以及科研机构等的作用，创立一个以黄河文化研究为主要学术研究领域的交流平台，整理并编辑出版与我国黄河文化密切联系的珍贵历史文献资料。组织广大专业人士与学者积极探索对黄河文化的跨领域创新探索工作，讲清楚在研究黄河文化过程中人与自然、人类和经济社会之间的密切关系，提升对于黄河文化的科学思想分析以及阐释分析能力，增强黄河文化在现实中的影响力度。

现今，要紧紧围绕"华夏文明之源、黄河文化之魂"的工作重点和几个主要具有地标性质的位置，构建中国黄河流域文化节与中国大河流域文明旅游国际高峰论坛，做好关于黄河生态环境综合保护、沿河文化风光自然景观、产业布局、文化系统传承等相互之间融合协调发展的理论文章。并且，从我们如何了解国家黄河文明的历史起源、黄河流域精神、黄河流域名人、黄河流域文艺品、黄河流域旅游、黄河流域自然生态与黄河环境治理、黄河旅游小镇的文化建设以及我国黄河旅游小镇的文化建设与经济发展等多个不同方面深入浅出国家黄河文化，讲好"黄河故事"。

（二）建设一批标志性文旅项目

黄河流域生态保护与高质量发展在国家战略中的重要战略地位，意味着国家高度重视黄河文化文旅融合的发展，为黄河流域文化旅游产业的发展创造了新道路。实施推进黄河流域的旅游生态环境综合保护，促进黄河文化与流域旅游产业融合进步，这就是黄河文化旅游业的全新课题与新的历史发展契机。积极统筹布局，主动与党和国家战略对接，实施好推进黄河流域自然资源生态环境保护和文化建设高质量融合发展的黄河核心技术示范区。因此，本书提出以下6个重点工作提议。

一是持续增强党与国家对黄河战略的有效对接，做好顶层设计规划。加强参与黄河流域自然资源综合保护、大运河世界文化遗产保护技术的传承、开发和利用等多项国家重大发展战略对接与融合。丝绸之路沿线经济带覆盖范围与黄河流域中上游地理位置已经达到紧密吻合，大运河在黄河流域中下游与黄河产生衔接，以上国家战略的有效对接与协调发展，将其联系在一起形成目前世界上发展跨度最长、拥有巨大潜力的社会文化与政治经济桥梁。

二是主动申报世界历史文化遗产。黄河流域始终为中华文明的发展脉搏，自然风光优美，生态资源多元。中华人民共和国成立以来，大量的黄河水利建设项目随之产生，黄河生态环境资源保护与污染治理也由此迈向新的发展阶段。沿黄9省应充分利用黄河流域的天然资源与文化遗产资源，联合组织申报世界级历史文化遗产，科学有效地管理好中国的历史文化遗迹。

三是着力打造一批黄河历史精品文化博物馆，讲好关于黄河的真实故事。黄河大堤故道、千里长堤充满了人类文明历史的真实见证。黄河沿岸区域的大量治黄工程遗址与工程文献都确实凝结着中华民族传统精神与中华民族传统文化。因此，建议沿黄9省区统筹规划推进对黄河文化遗产的连串成片式展示。

四是着力打造黄河文化生态旅游区，引领发展黄河流域旅游。促进文旅交融发展，设立高品质黄河流域旅游生态文化区域，对黄河流域生态环境持续保护、经济社会持续发展的重要载体，也是将黄河流域建设成为人民幸福河的一个突出表现。

五是促进黄河流域生态旅游廊道、国家一级森林以及湿地森林公园等重点项目的开工建设，创立一批黄河文化生态旅游项目。整合黄河文化历史遗留、峡谷特色自然奇观，将黄河沿岸的历史自然人文景观和黄河文化精神内涵紧密结合在一起，创造了中华文明的文化体验之旅，成为传承和创新发展中华民族文化的重要窗口。促进沿黄9省区域休闲旅游的持续健康发展，建设形成"城河互动、区域协同"的全新的和国际化的黄河流域休闲旅游合作目的地。普及生态环保意识，坚持好保护优先、合理利用的原则，始终将保护放在生态旅游发展的首位，划定并严格坚守生态底线标准，引入旅游环境系统、旅游环境容量、可接受改变极限等前沿科学指导下的相关制度，推进生态旅游集约化绿色发展。不断优化生态旅游发展布局，可以考虑以湿地生态稳定和健康为名片的特色产业，探索以生态旅游为途径的新的发展形势，助力贫困地区脱贫攻坚。加大宣传力度和投入，提高湿地生态保护重要性思想的曝光度，促使人们提高保护意识。同时探索新的宣传途径，推动以游促宣，在保证设施安全性能的前提下采用环保、透视度强、拆除方便的设施进行旅游设施建设，通过控制游客数量和规划旅游路线的方式尽量减少对湿地环境的干扰和破坏。在观赏游的基础上升级科普游，在确认安全无害的情况下允许游客与湿地及生物亲密交流，同时配备环保大使对生态保护等方面的知识和思想进行大力宣传，促进游客对保护自然产生寓情于景式的深入理解和共鸣，强化宣传效果。总之，以提升建设项目质量为主要动力，将传统文化资源优势和信息产业整合进行有效转化，作为推动信息技术传播的主要优势。通过规划建设一批包括黄河沿岸文化公园、黄河沿岸湿地文化公园和黄河古道历史风情园等的黄河精品文旅游建设计划，让黄河文化更好地做到看得见、有载体，促进黄河历史文化动态传承。着重建设一批充分表现黄河流域历史发展演进和文化变迁和精神实质的重点文化工程，促进黄河流域文化的艺术创造性发展。推进生态保护、旅游发展与文化产业有机融合，全力营造"黄河母亲"主题形象，支持郑州、开封等城市打造国际研学黄河文明寻根目的地，支持济南、济宁、泰安等城市打造齐鲁文化产业带。充分利用"河海交汇、新生湿地、野生鸟类"三大世界级自然资源，建设黄河入海文化旅游目的地核心区。

六是每年举办黄河流域生态保护和高质量发展高层论坛，邀请国家有关部委、沿黄 9 省区相关负责同志及专家学者参与，共商黄河发展大计。成立黄河生态保护研究中心，整合黄河下游地区现有涉水科技创新团队、涉水科研平台，以"开放、融合、共享"的思路构建黄河研究智库。

六、实施高质量发展推进工程，打造高质高效的发展河

黄河下游地区经济高质量发展子系统发展指数最高，但增长速率的稳定性相对较差，中原城市群和山东半岛城市群拥有制造业优势，以制造业为基础，强化创新驱动推动数字化产业、绿色产业和现代产业集群发展，形成创新引领、产城河协同的高质量发展格局。首先，要提高黄河下游科技创新支撑能力，统筹考虑多部门、多行业、多层次、多区域、多学科协同创新，高标准建设"郑—洛—新"和山东半岛国家自主创新示范区，加快形成以自创区为龙头的创新载体体系，充分释放彼此间"企业、平台、人才、机构、载体、项目"等创新要素活力而实现深度合作，推进黄河流域科技创新带和国家黄河科技创新中心建设，依靠沿海港口优势，积极融入国际大循环，扩大与欧盟、"一带一路"国家的科技合作，形成省市县联动、都市圈与省辖市带动、各类载体互动的"多级多区多节点推动"的优势互补的区域协同创新体系，促进新兴产业和支柱产业国内国际双循环的全产业链创新。其次，作为我国重要的粮食生产区，要推进农业现代化发展，实施高标准农田建设提质工程，稳定提升粮食产量，推进生产、储存、物流、销售一体化发展，积极发展绿色农业、观光农业、互联网农业等新业态，推进农业供给侧结构性改革。最后，聚焦产业核心技术，着力培育龙头产业，提升郑州、济南交通优势，建设区域物流节点，打造多种运输方式协同的沿黄物流通道，围绕郑州、济南都市圈发展高端制造业和战略性新兴产业，以青岛为中心大力发展海洋产业，促进化工钢铁等资源型产业绿色转型升级，建立健全新旧动能转换重大工程协调机制，保障新旧动能转换重大工程顺利推进。

加快传统产业绿色转型发展，出台黄河下游地区产业负面清单，综合运用质量、安全、环保等标准，依法依规倒逼钢铁、水泥、电解铝等落后产能有序退出。大力发展绿色高效生态农业，加快黄河三角洲农业高新技术产业示范区建设进度，建成以盐碱地综合利用和高效生态现代农业为特色的全国农业创新高地。山东半岛和中原城市群交界区域是大运河文化带核心区域，黄河穿越而过，农业发展条件好，但由于受中心城市辐射较远的影响，经济发展水平相对较低，产业同构性较强，城镇化水平偏低。

借鉴黄河中游金三角发展经验，打造豫鲁交界濮阳、菏泽和聊城黄河下游金

三角，打破行政区划限制，共同建立紧密的旅游营销合作联盟，加大政策支持、探索建立统一规划、统一管理、共商共建、利益共享的合作新机制，明确区域合作重点领域，形成完善的市场体系，对于探索省际交界地区合作发展新路径，加强中原城市群和山东半岛城市群协同发展关联程度，发挥黄河流域生态保护和高质量协同发展的龙头作用具有重要意义。

第一，做好顶层设计规划。比照黄河中游金三角尽快出台相应规划，借助郑济高铁、商雄高铁、菏泽机场建设的机遇，畅通省际出口通道，加快建设以高铁、高速公路网络，实现通信网络的同城化，保障两个城市群人口资源流动，建立全民沟通协调机制，促进社会资源的互助合作，打造黄河下游金三角互联互通的交通网络体系，打破最后一千米问题；按照国家生态格局要求，出台沿黄滩区综合治理规划，统筹左右岸、衔接滩内外、协同产城人，以提高滩区群众幸福感为目标，以沿黄生态修复、涵养、重塑为基础，以重构高滩、中滩、嫩滩空间格局为抓手，加强滩区及自然保护区强制性保护；对黄河和各市库区及流域进行综合治理，加强水功能区监督管理，严格入河排污口监管，确保水功能区稳定达标；出台多层次、多形式、多领域的安澜联防规划，洪水分级设防、泥沙分区落淤、三滩分区治理，合理规划治洪区投资建设，在确保安全的情况下，促进黄河安澜和经济社会协同发展。

第二，加大投资力度和政策支持。完善政策保障，加大中央财政投资力度，集中安置，完善医疗等公共服务设施，鼓励滩区多提供生态产品，对滩区居民开展生态补偿等，促进滩区由传统农业向现代农业、生态旅游业、湿地等产业转型，以推进乡村振兴；依托资源、区位和交通优势，分别将天津港、日照港口岸服务引申至内陆城市，积极推进"无水港"投资建设，全力打造山东半岛和中原城市群交界地区物流中心和重要出海通道；投资发展高等教育，汇集创新资源，吸引海外高层次人才，为增强山东半岛和中原城市群内部经济联系提供更好的基础条件；投资建设文旅合作项目，通过实施项目带动战略，加快经济结构调整步伐，把旅游产业作为重要支柱，走区域旅游的产业合作化道路，着力打造国内外知名旅游目的地，加快形成区域旅游经济发展一体化新格局，推动黄河下游金三角区域全面、协调和可持续发展。

第三，形成有效的协调机制。两省三市构建政府搭建沟通平台、企业主体深度参与、社会组织发挥积极作用的跨区域合作机制，加强两城市群的规划协调与对接，明确区域合作重点领域，形成完善的市场体系；积极推进黄河流域生态保护和高质量发展的法治建设与制度创新，保障两省人口资源流动，促进社会资源的互助合作，扩展城市群之间的交往网络；建立健全新旧动能转换重大工程协调机制，保障新旧动能转换重大工程顺利推进，出台政策承接济南信息技术产业、青岛海洋产业、淄博新型功能材料等国家级新兴产业集群向黄河中上游转移，培育沿黄地区新产业、新业态、新模式；加强共商共建共享，实现区域协同、优势互补、合作共赢，三市签订《黄河下游金三角文旅合作协议书》，共同打造文旅品牌，联合营造精品旅游线路，推行旅游景点门票一票通，实现旅游协作区域内的无障碍旅游。

推动滩区迁建与乡村振兴的有效衔接，加快实施一批重大工程和项目，带动滩区内低收入人口易地搬迁、产业扶贫，带动滩区居民增收。加快开放型经济发展，出台政策措施，引导积极参与"一带一路"建设、抓好对外开放，扩大外贸进出口所占比重。坚持中心带动，加快郑州国家中心城市建设，支持济南争创国家中心城市，推动郑州大都市区与济南省会都市圈对接合作。黄河下游生态保护和高质量协同发展分布不均衡，因此，从完善政策保障体系、构建区域协调发展体系、增强中心城市辐射带动作用三个方面提出构建区域协调发展新格局政策建议。

第一，完善政策保障体系。针对黄河下游生态保护和高质量协同发展存在的问题，必须贯彻系统性、整体性、协同性思维，抓紧开展顶层设计，从政策层面统筹推进各地区协调发展。首先，针对由于行政管辖、交通区位条件等多方面原因造成省际交界协同发展状况落后的问题，中央应联合各省区部门出台发展专项规划，加强国家层面协调指导，建立省际联席会议制度，建立区域信息共享平台，通过共商共建共享的方式，从不同领域推动两城市群生态保护和高质量协同发展。其次，完善资金投入和保障体系。以经济高质量发展子系统中研发经费投入强度和人民生活幸福子系统中人均教育经费投入来看，黄河下游各地区资金投入方面差异较大，难以形成资金聚集效应，中央及地区应加大流域治理和科研机构等资金投入力度，切实保障生态保护和高质量协同发展水平提升。最后，完善人才引进和培养体系。人力资本是促进生态保护和高质量协同发展的推动力，相较于物质资本，具有更长远的影响力。需建立人才交流信息网络，促进人才流动和沟通交流；同时，提升各方面福利待遇，引进海内外高层次人才，引进知名科研机构和高等院校建设分校，加快培养高端人才。

第二，构建区域协调发展体系。黄河下游形成郑州、济南、青岛、蚌埠四大协同发展中心，其中济南和青岛两大两中心的协同发展溢出基本已覆盖山东半岛城市群整个中东部地区，但其向西辐射范围有限。相对而言，中原城市群协同发展状况较差，尤其是中原城市群东南部多数城市处于协同发展低聚集区。在这种情况下，一方面，两城市群需共同构建区域协调发展体系，加强各地区之间的合作，构建"两群四心五圈"整体布局，聚焦中原城市群和山东半岛城市群，发挥郑州、济南、青岛、蚌埠四大协同发展中心带动作用，着力推动郑州都市圈、洛阳都市圈、济南都市圈、胶东都市圈、鲁南都市圈一体化发展。建立利益共享、风险共担的协调发展机制，加快郑济高铁、鲁南高铁、京雄商高铁建设，以铁路和高速公路为主，打造空路双港的多层次综合交通枢纽，依托立体化综合交通网络，促进中原城市群和山东半岛城市群信息和人才互相流动，强化与京津冀、长三角等地区高效对接。另一方面，需明确各地区产业定位，实现产业分工，例如，山东半岛城市群凭借区位优势，扩大区域与国际合作，提升产业平台功能，承接黄河中上游地区优势产品出口，深化国际产能和装备制造合作，引导重点企业、产业集聚区与发达国家和发达地区进行多种模式合作，与国际创新高地联合搭建技术转移中心，推动科研成果转移转化。中原城市群加快传统产业转型，促进制造业与服务业深度融合发展，培育发展战略性新兴产业，同时承接济南信息技术产业、青岛海洋产业、淄博新型功能材料等国家级新兴产业集群向黄河中上游转移，两个城市群产业合理分工，培育沿黄地区新产业、新业态、新模式，着力形成"研发设计＋协同制造""总装集成＋零部件生产"的发展新格局。

　　第三，增强中心城市辐射带动作用。郑州、济南、青岛、蚌埠作为黄河下游城市群四大协同发展中心，对周围焦作、济源、洛阳、淄博、宿州等城市产生了一定的辐射带动作用，但相对于京津冀、长三角和珠三角的辐射带动作用还不够，仅仅局限于邻近2～3个城市，对稍远地区的城市缺乏影响力，需进一步扩大中心城市的辐射带动作用。一方面，增强中心城市核心引擎，吸引创新要素汇集，大力发展服务性制造业和生产型服务业，培育数字经济，加快郑州、济南等核心都市圈建设，培育双向开放示范高地，增强中心城市承载力，推进郑州—济南的沿黄协同发展轴带建设，形成"以线带面"的协同发展方式。另一方面，优化发展布局，综合考虑资源禀赋、区位条件、产业基础、城镇化和城市规模、未来发展方向，充分发挥各地比较优势实现错位发展，以济南新旧动能转换先行区、郑州黄河生态保护和高质量发展核心示范区为引领，突出发展生态环保经济，着力增强产业生态构建能力，加强基础设施建设，培育中小型城市承接中心城市相关配套服务业和制造业，有序推动中心城市功能疏解，促进形成大城市带动小城市的区域协调发展格局。

参 考 文 献

［1］姚文艺，徐建华，冉大川，等.黄河流域水沙变化情势分析与评价 [M].郑州：黄河水利出版社，2011.

［2］周祖昊，严子奇，刘佳嘉，等.黄河流域径流变化与趋势预测 [M].北京：科学出版社，2021.

［3］潘军.全面推进水土流失综合防治 努力构建黄河流域生态保护和高质量发展先行区 [J].中国水土保持，2020（9）：15-18.

［4］许玉姣.黄河流域生态环境治理与高质量发展 [J].甘肃科技纵横，2020，49（8）：18-20.

［5］董战峰，璩爱玉，冀云卿.高质量发展战略下黄河下游生态环境保护 [J].科技导报，2020，38（14）：109-115.

［6］崔盼盼，赵媛，夏四友，等.黄河流域生态环境与高质量发展测度及时空耦合特征 [J].经济地理，2020，40（5）：49-57.

［7］石涛.黄河流域生态保护与经济高质量发展耦合协调度及空间网络效应 [J].区域经济评论，2020（3）：25-34.

［8］于法稳，方兰.黄河流域生态保护和高质量发展的若干问题 [J].中国软科学，2020（6）：85-95.

［9］刘晓琰.黄河流域生态保护和高质量发展协调推进的策略分析 [J].科技创新与生产力，2021（11）：32-33.

［10］闫世强.生态文明视域下黄河流域高质量发展研究 [J].三晋基层治理，2021（4）：5-9.

［11］张晓昱，刘璐.高质量发展视角下黄河流域经济增长与生态环境耦合分析 [J].商丘师范学院学报，2021，37（10）：73-77.

［12］张树礼.加快推进内蒙古黄河流域生态环境保护和高质量发展 [J].实践（思想理论版），2021（7）：35-38.

［13］汝绪华. 全面推动黄河流域生态保护和高质量发展 [J]. 山东干部函授大学学报（理论学习），2021（11）：4-8.

［14］程清清，李可. 黄河流域生态环境质量提升路径分析 [J]. 决策探索（下），2021（12）：9-10.

［15］徐静. 新时代黄河流域生态保护和高质量发展的新思路 [J]. 天水行政学院学报，2021，22（2）：66-70.

［16］杨奇奇，靳峰，张富，等. 甘肃黄河流域生态环境现状及防治对策 [J]. 中国水土保持，2021（4）：26-30.

［17］任保平. 黄河流域生态环境保护与高质量发展的耦合协调 [J]. 人民论坛·学术前沿，2022（6）：91-96.

［18］刘志仁，王嘉奇. 黄河流域政府生态环境保护责任的立法规定与践行研究 [J]. 中国软科学，2022（3）：47-57.

［19］赵山河. 高质量发展战略背景下黄河流域生态环境保护法治探究 [J]. 黑龙江人力资源和社会保障，2022（3）：7-10.

［20］彭绪庶. 黄河流域生态保护和高质量发展：战略认知与战略取向 [J]. 生态经济，2022，38（1）：177-185.